目 录

序
城市未来

城市的未来是什么?记得在筹办世博会的日子里的一个傍晚,我收到了西班牙馆演绎主题的方案,兴奋不已。那是一个巨大的孩子——"小米"宝宝。把一个高度复杂的人类难题外推、模拟演化为一个最简单的具象——孩子,这就是我们这些做科研的人特别需要的思想方法。今天,我坐在城市未来实验室里研读这份儿童城市建成环境的研究报告,感受到了同样的思想方法。理解今天孩子的需求,解读他们的行为方式,也就认识了未来城市的主人。

可以确认的是,未来世界将由今天的儿童主导,他们将决定城市的未来。要知道城市的明天怎样才是更美好的,最好的办法就是研究、了解和理解今天的孩子。孩子是城市未来福祉所系,而我们所面临的挑战之巨,毋庸置疑。

《童之境》是作者基于生活经历所作儿童建成环境的研究,既有一手的用户体验知识,又有理性的专业观察和研究分析。作者非常敏锐地捕捉到了西方儿童友好型城市斯德哥尔摩,从儿童视角出发的城市设计的形与态、系统与政策,并且对该城市现有发展趋势做出批判性思考。这个作品既对瑞典和其他社会有实用的参考价值,同时给中国城市送来一个及时的温馨提醒。

作品主要以学龄前儿童为对象去观察与研究城市的建成环境。这很好地响应了中国后千年发展计划——儿童早期健康成长与发展的需求与战略方向。城市物理环境和人文环境好像城市的硬件和软件,相互支持和影响。城市形态的设计决定和影响着人的行为方式,也就是说城市系统和每个城市细节的设计,将给每个儿童和成人带来或真善美或假丑恶的空间体验和身份认知。这种体验和认知会直接影响儿童与成人的精神和体质的健康与发展。

人是城市的主体,孩子是城市未来的主体。我们今天为了孩子所创造的空间环境、其构成的所有要素,以及形态背后的永续价值观,正是我们赋予城市永续发展的护身符。

同济大学副校长
上海世博会总规划师
瑞典皇家工程科学院院士
美国建筑师协会荣誉会士

2016年春于同济园

FOREWORD
Urban Future

What will our urban future look like? I can clearly recall my excitement during one of the evenings working to prepare 2010 Shanghai Expo when I received the proposal for the Spanish Pavilion – a giant robotic baby called 'Xiao Mi'. For me, it was a new perspective that embodied complex human challenges through a concreate child figure animated with intelligent simulation. This kind of thinking and approaches are exactly what need to be shared with broader scholars and researchers. Today, when I sit in the Urban Future Lab reading the manuscript of this book, I felt this research was doing just that. As soon as we can understand the needs and behaviour patterns of today's children, we find out way to learn about the masters of future cities.

Without doubt, today's children will lead the future of the world. They will decide what the future will and can be. If one wants to know how a cities' future can be better, the best way is to research, learn and understand the current generation of children. All societies are facing significant challenges for urban development. Children's urban living environment are constantly changing. The urban environment will have an important impact for children's physical, mental development and wellbeing and understanding this is essential.

Built Environment for Children – The Stockholm Experience is based on the author's life experience. She has both first-hand user's experience as well as rational observations and professional analysis. The work captures how the European child-friendly city of Stockholm has been built from a particular concern of children, including urban form, physical design, system and policies. The author also laid a critical eye on the tendency of Stockholm's future development. The output of this research has provides practical examples and references for Swedish cities and beyond, whereas sending a timely and warm reminder to Chinese cities.

Young children before primary school age are the focus of the study. This also reflects the focus of the Strategic Plan of China's Post Millennium Development – early childhood development and wellbeing. The physical environment and social environment are like hardware and software of the city. The design of the urban form impacts and determines people's behaviour pattern at large. The structure of the urban system and every single detail in the city provides individuals with space that shape their experiences and form part of their identity, for good or bad. Those experiences people encounter from their urban life have direct impact on their physical and mental wellbeing.

People are the main body and life of cities. Children are the essence of the urban future. To truly embed sustainability in the built environment we must closer into each component of places and spaces that we create are fit for today's children as well as tomorrow's. This is a critical challenge and opportunity for truly sustainable development of our urban future.

Siegfred Wu Zhiqiang

Tongji campus, Spring 2016

Vice president of Tongji University

Chief planner of Shanghai Expo

Academician of Royal Swedish Academy of Engineering Science

Hon. FAIA

3

序
永续设计

今天，绝大多数的人都出生在城市。城市环境已经成为人类主要的栖居之地。在发展中和新兴经济体国家，正发生着大量的城市建造和增长，包括中国。虽然尺度有所差异，但瑞典的城市人口也正在急剧增长中。这给我们建筑师和规划师带来极大的挑战。不断增长的城市人口，随之带来对公共空间需求压力的增加。人们需要休闲和教育等公共空间，不论年龄与生活阶段。建筑师和规划师的工作目标是，通过构思巧妙的城市设计和设计有道的建筑，去营造宜人健康发展的建成环境。

生态平衡，是对所有人都适用的健康环境前提。永续建筑可以促进材料、能源和我们共有的地球资源的管理。她与生态系统和谐共生，在现在和将来，都致用于我们、我们的孩子和子孙后继的生活。

如今正是永续城市设计与改造的一片天。全世界有很多的创新，都在努力闭合资源链和抑制建筑与城市地区的环境污染。与此同时，一边减低对自然资源的消耗，一边最大化对资源的使用。这样做使我们能保持城市的永续性增长、保护甚至创造出必要的生态系统，以提供让经济交往兴旺蓬勃的自然资本。然而，一座城市的"能力"，最终在于她如何适宜于人和塑造人的流动。简言之，城市的能力体现在她如何服务于我们的行为活动、日常生活、基础设施和空间场所。我们所追求的永续人居环境，应该给所有人提供美好的生活，和建立一个平衡的生态系统。这是一项非常挑战，但是十分值得求索。

这本书为每个有这样追求的人，提出了一些很重要的思考问题。尤其是像我自己一样的建筑师、家长和"城市人"。这些问题包括：我们建造的城市自然环境如何能给孩子的发展输入营养？更切实的是，我们如何能在理解儿童视角的基础上去设计场所和管理城市？我们的城市会让儿童有机会接触自然，还是将自然分离于儿童的生活？这些问题，不论是对于斯德哥尔摩、上海还是圣地亚哥都同等重要。每个城市也都会有自己适用的答案和可能的处理方式。

我想我可以很自信地说，瑞典对儿童的权力、需求和发展给予了充分的重视。然而，毫无疑问的是，我们在这个领域还有很多需要学习的地方。特别是，我们需要认真思考如何将建成环境对儿童的影响，整合到应用设计原则和规划实践中。所以，对我们自己经验的评估和消化学习是件十分重要的事。此书《童之境—— 斯德哥尔摩体验》，给建筑师、规划师、家长和我自己，提供了宝贵实用的导则和颇有洞见的分析。她让瑞典和国家大家庭一起，从好与坏的经验中互相分享与增进知识。让我们为儿童、家庭和每一个人而努力创造更好的城市。

瑞典皇家工学院建筑学院教授　萨拉·格朗

FOREWORD
Sustainable Design

Today, a majority of humanity are born in cities. The urban environment has become our pre-dominant habitat as a species. Much of the urban world is yet to be built and most of the growth will be taking place in developing countries and the emerging economies, including China. While at a different scale, Sweden's urban residents are also at the moment increasing dramatically. This places huge challenges on us as architects and planners. Growing urban populations increase pressure to provide public spaces to serve as the recreational and educational spaces for all of us, at all ages of our lives. The goal for architects and planners is to create well designed architecture and intelligently conceived urban design, and through this help shape a built environment that supports human well-being and development.

The prerequisite for a healthy environment of all types is an ecology in balance. Sustainable architecture is an architecture that facilitates the management of materials, energy and our common resources within the planet's capacity to provide them. It is an architecture that works in harmony with the ecosystems today, for us and our children, and will continue to do so for future generations.

5

Currently, there are worlds of opportunity to design and retrofit cities for sustainability. There are numerous innovations to close resource loops and engineer buildings and urban areas to curb pollution while minimizing consumption of natural resources and maximize their reuse. This can enable us to 'sustain' the growth of cities, protect, and even develop, the necessary ecosystems that provide the natural capital that bolsters all economical activities. The 'ability' of cities, however, will always reside in their fit for people and how they shape 'human flows'. Or more simply, the activities, the everyday life, the infrastructure and spaces that we inhabit and move through at all times. The sustainable urban human habitat that we strive for should provide human well-being for all, as well as an ecosystem in balance. This is quite a challenge, but essential to pursue.

This publication raises several very important questions for everyone in this pursuit, but of particularly concern for others like myself who are architects, parents and "townies": How will the nature of the cities we build nurture the development of our children? And more practically, how do we design places, and govern our cities, with an understanding of the child's perspective? Will our cities bring children in closer connection to the natural environment, or cut them off from it? Whether one looks at Stockholm, Shanghai or Santiago these issues remain equally pertinent. Practical answers and possible solutions will be as diverse as cities themselves.

In Sweden, I think we can confidently say that we pay strong attention to rights, needs, and development of our children. What can be said without any doubt, however, is that there is still even more to be learned in this field. In particular, we must carefully consider how we can incorporate understanding of the built environment's impact on children into applied design principles and planning practices. It is critical that we assess and learn from our experiences in area. This book "The Built Environment for Children: the Stockholm Experience" is a very valuable resource that provides practical guidance and insightful analysis for fellow architects, planners and even parents like myself. It provides a great opportunity to share, both good and bad, insights from Sweden with the global community on how we can build better cities for children, families, and, ultimately, everyone.

Sara Grahn

Professor in Architecture, KTH Sweden

Stockholm, 2016

自序

第一次踏上木桩岛(Stockholm, 瑞典语意为木桩小岛), 是因为皇家工学院(KTH)求学之路。在当时来看, 瑞典或北欧并非国内建筑类专业学生的热门选择, 我对她的了解除了大家都知道的那些, 就是卡尔·拉尔松(CarlLarsson)的绘画, 画中那种纯真与趣味的美好情境, 最终驱使我做了一个任性的决定, 我要去寻找期待以外的世界和自己。

有幸于申根签, 那几年的"课堂"时间以外, 我游历了许多北欧和欧洲的小镇与城市, 如明朝的董其昌曰"读万卷书, 行万里路", 我正是用脚步丈量了诸多城市与建筑。也恰是因为那时的行走, 我遇见了许多从未想象的"例外", 也积累下很多需要思考的问题。

第二次踏上木桩岛, 是因为传说中的"三文鱼理论"。这其实是一个玩笑, 听说是三文鱼总在生育幼鱼之际回到斯堪迪纳维亚海域, 而其他时间都纵横四海。是的, 当时的我朦胧中认为斯德哥尔摩可能是个适合养育小孩的根据地。当我推着婴儿车再次在城市中行走时, 我恍然发现原来这个城市真是如此为我们这样的父母而绽放着。行走其间, 我深深地领悟到城市的"可走性"(walkability)对当代社会的我们多么重要。现代主义设计汽车优先的交通模式导致的都市恶果是国际性的, 很多城市交通拥堵甚至瘫痪, 人无法在城市中(安全)行走。此外, 行走之于人的内心和精神相当重要, 我们的肉身终归是靠双脚双手来行走、思考、创造的, 因而可走性对于城市很重要, 所谓人性城市无外如是。欧洲一些国家的城市就非常可走, 像瑞典、丹麦、德国等, 城市很亲人。于是我迷恋上推着婴儿车在这样的城市中行走, 踏上踏下各类公共交通, 穿梭于各样的建筑、街道和城市生活。

由于对地域特征和文化对照的敏感, 我很快从一个城市的使用者视角转入到思考者视角。我更加开始好奇和关心: 为什么以斯德哥尔摩为代表的北欧城市如此有亲和力? 为什么她能吸引和支持很多家庭的成长? "人本设计"的北欧精神是如何在儿童的尺度上体现的? 我带着这些问题, 一边生活工作, 一边与国内外师友和同事交流讨论。积累了一段时间后, 我决心以研究的态度去好好整理一下头脑中的那些问号, 于是便有了现在这本《童之境》。

这份研究的出发点旨在梳理、解析和归纳瑞典首都斯德哥尔摩在儿童建成环境方面的积极经验与挑战, 原作是英文稿, 名为Built Environment for Children – Stockholm Experience, 中文直译可为"儿童建成环境——斯德哥尔摩体验"。然而, 书中研究内容所涉及的并不止于城市的物理环境, 还深深映射着人文环境和儿童的社会处境。更值得一提的是, 儿童是成人和社会的一面镜子, 城市环境的品质应向儿童的建成环境借镜。所以, 这个作品的中文名受到中文三字经写意手法的启发, 最终定名为"童之境"。书的受众是我们每一个人, 包括儿童, 因为"城市是先被人塑造而形成, 然后再去塑造人"。希望通过研究的过程, 补充此领域在理论与实践之间的鸿沟, 带来新的思考与知识生产的可能。

荆 晶

2016年5月于梅拉伦湖畔

提升为儿童量身定制的人性化设计，对于当下和未来的城市发展有着至关重要的意义。随着全球城市人口的持续增加，儿童建成环境的规划与设计愈来愈重要。斯德哥尔摩，作为一座闻名全球的老字号儿童友好型城市(瑞典学会，2012)，欧洲第一座"绿色之都"(2010)，由于其相对急剧的城市增长和住房短缺等问题，仍然承受着发展的压力与挑战。这种矛盾性，为这个研究提供了充分而多元的基础。

本研究特别关注城市的公共领域范畴，试图解读如何营造适应儿童需求、能激发儿童健康的体能和心理发展、培养社交能力和应变力的公共场所与空间环境。研究以学龄前儿童(0-6岁)所生活的斯德哥尔摩城市的建成

8

环境为背景，选择调研了约40个城市中与儿童相关的空间规划和场所设计，并与所选案例的相关城市规划师、建筑师、市政人员、开发商等职业者进行了约65场访谈，旨在试图理解在城市发展过程中不同行业者是如何将儿童作为城市的使用者考虑在他们的工作之内。笔者将所收集到的素材以故事脚本的形式穿插于书中，并用通俗化的专业语言将要领与启示提炼而出，以可消化的导则语言形式，将文献梳理和受访者的经验与洞见与读者交流。笔者希望通过此书，将斯德哥尔摩之体验经验，分享给更多的建筑师、规划师、政策制定者和所有关注未来的人们。

一瞬灵感一处创造。

1

开篇

1.1 语境与挑战

20世纪70年代，卓越的城市规划大师凯文·林奇指导下的一项国际研究计划"成长于城市"，将儿童与城市的主题带入了城市规划的学术和实践视野中。近二十年后，环境心理学家路易斯·朝拉重温并拓展了凯文·林奇的研究，她求索如何通过儿童参与而提升城市规划的方法和实践，并且关注对满足儿童需求的政策制定的研究。而在这两项里程碑式研究的时间中点 —— 1989年，联合国首次通过了《儿童权利公约》，号召各国尊重儿童权利，通过立法改善儿童生存环境。迄今为止，全世界有195个国家签署了这项公约。

然而，在过去几十年间，现代城市的规划很大程度被"汽车交通先于人行交通"的思维所主导。这导致了对建筑"人性尺度"的忽略(盖尔，2010)，使城市因无法提供保证儿童安全与健康成长的环境，让儿童无法与世界融合，从而演变成"城市辜负了儿童"的事实(沃德，1978)。尽管如此，从实证上考究，全世界关于如何建设儿童友好型城市的知识一直在城市之间不断积累和发展着。其中，瑞典就是这个知识领域的先行国典范之一。

瑞典，同大多数国家一样，于1990年在立法上通过了联合国《儿童权利公约》，1993年设立了儿童监察员的新政治职位。这一专职的瑞典语为"barnsombudsman"，意为儿童法律专员代表（儿童监察员），负责在政治进程中从儿童的角度和权利去思考，并确保公约在瑞典的执行。如今，全球各国都纷纷设立"儿童监察员"作为捍卫儿童权利的法律媒介。在城市实践方面，20世纪60年代期间，瑞典开展了SCAFT改革与交通分流计划，对瑞典的城市形态有着深远的历史影响，这些举措都有效地改善了儿童安全状况。在研究方面，斯德哥尔摩大学的比约克利德教授(1997—2007)长期从事儿童的户外环境使用、安全与交通方面的研究，更有诺德斯特姆教授(2001)关注调查儿童对城市环境的看法和使用，通过环境心理学方法的跨学科运用，清晰地展示了儿童的建成环境与儿童发展、儿童整体健康之间的关联性。从城市邻里单元尺度的研究，以瑞典农业科学大学为例，有关于一系列儿童户外空间使用研究的特色学科，重点关注城市绿地、学校操场与运动场（Nordisk Arkitekturforskning, 2004:1）。乌普萨拉大学的塞勒博士(2006)研究归纳的理解儿童空间体验的方法，对于将儿童纳入城市规划过程的具体方法是一个着实的补充和创新。这些研究得来的规划与设计的工具和方法在瑞典国内地区级和国家级的项目中得到不同程度的应用，例如瑞典国家住房委员会[6]、瑞典交通管理局[7]、瑞典公共卫生局[8]与六个市政局共同合作的项目"社区规划中的儿童与年轻人"(2010-2012)。另外一个重要的瑞典模型就是BKA-儿童影响评估方法(2011)，这一方法论研发于哥德堡市市委，它是一项开放式的持续进行的研究与合作计划，立足儿童视角，对城市物理环境的规划与设计进行指导。在实践的层面，一些市政府设立了儿童策略师的公务员角色，鼓励儿童与公众参与，强调在城市规划与开发过程中聆听儿童的心声。斯德哥尔摩市以南的延雪平市[9]就是一个很好的例子。

14

　　如今，在永续发展和健康生活方式的城市命题下，许多国家都开始有更多的包括有社会学家、人类学家、环境学家、心理学家、建筑师、城市规划师和政府官员等更多职业者，将儿童的视角引入到自身的工作中。提高城市的儿童友好度已经成为了全球城市发展的重头戏。因此建立并不断完善这一领域的知识体系和实践工作，正为当下所需与挑战。笔者希望鉴于斯德哥尔摩的体验与经验学习，能激发更多的正能量和助长更多的社会关注和投入。

6.瑞典国家住房委员会，Boverket（瑞典名）。

7.瑞典交通管理局，Trafikverket（瑞典名）。

8.瑞典公共卫生局，Folkhälsomyndigheten（瑞典名）。

9.延雪平市的市政官网：www.jonkoping.se

1.2 儿童友好型城市更为永续发展
—— 儿童联接着我们的现在与未来

儿童从建成环境中获得的快乐或影响,是城市永续性的一个重要维度。然而,这一点却相对没有在"永续发展"的各项评价标准中得到强调。尽管,儿童的数量仅占总人口的一部分,但他们的健康成长与发展是社会和每个家庭的核心关注点。人们通常谈到的永续性主要包含环境、经济与社会三个方面,其中社会永续性的定义最为宽泛,意见也最为不一致(科兰托尼奥,2009)。所谓社会永续性的一个很重要的表现,就是让不同的社会人群,能拥有同等机会去享受他们所共同存在的城市空间,自由地在城市中生活。当代颇有影响力的城市学者扬·盖尔(2010)认为,民主是社会永续性的重要标准。换句话说,一座充满活力与平等的魅力之都,应该具备能让每个人轻松可达的开放性公共空间的城市基础。

国际上的大量研究显示,建成环境的物理空间会影响儿童的社交能力、学习能力以及生理、心理健康(弗里曼·传特,2011)。虽然在过去几十年间,学术界对于建成环境与儿童健康发展之间关系的理解有很大突破,但是很多人都认为发达国家的现代城市与郊区环境并不利于儿童的健康与发展。例如,在美国有清晰证据表明,随着城市的扩张,年轻人运动减少,肥胖发病率显著增加。另有专家表示,城市与社会结构的变化导致儿童和青年人抑郁症增多(伦纳德·伦纳德,2000)。进一步的研究则称,生活在城市与郊区中的年轻人患上"大自然接触缺乏障碍症"的几率日益增加,年轻人的感官使用减少,生理和心理疾病增多,注意力降低(卢浮,2008)等。在低收入国家,上亿名儿童生活在直接危及他们的身心健康的贫民窟环境中(联合国儿童基金会,2012)。著名的行为科学家罗杰·乌尔里希(2015) 曾用图解演示"健康决定因素",他强调了生活环境和生活方式与健康的关联性和对健康的影响。基于这个框架,笔者进一步分析了影响儿童健康与发展的相关因素,详见下一页的图表中的高光红色字体。

这份斯城之生活体验和经验研究的初衷,既是为了汲取斯德哥尔摩对于儿童建成环境上的城市智慧,也是为了能在城市规划和设计专业角度中自我批判和在未来的实践中创新。

"一座城市若想永续发展,就必须首先让这座城市的孩子得到永续发展。城市环境必须能确保孩子的健康,支持孩子的全面成长,培养他们对社区与自然的热爱。只有这样,孩子长大成人后,才会成为城市永续发展的使者。"

—— 《宜居城市》

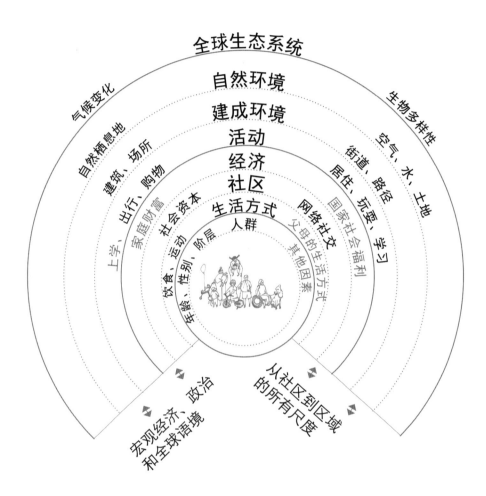

图1.1 影响儿童健康与成长的决定性因素

(2015年英国牛津市市政网上摘录的乌里克荷夫博士的影响人类健康的决定性因素)

红色高亮文字是笔者基于乌里克荷夫博士所做图表再调整后强调的与儿童生活相关的具体因素,包括在"活动"层里,儿童没有"工作",但儿童需要上学;在"经济"层里,大部分儿童不会有经济能力,他们依赖于家庭的经济和国家福利补贴;儿童的生活方式决定于家庭/父母的生活方式;在儿童人群里,残障(包括肢体和智力水平)和不同健康状况的儿童都应平等地考虑在范围内。

1.3 目标与方法

在2014—2015年研究期间,笔者设计了两场公开性专家研讨会,邀请了多位顶尖学者、规划师、建筑师、环境心理学家和儿童策略师参与了讨论。这样做的原因是为了避免研究闭门造车,主动与学术和行业圈发生互动向之学习,这样才能使研究更客观更及时。然后再将研究的结论反馈与分享给学术与行业圈、建筑师、规划师、政策决策者等,以及更广泛的关心儿童成长环境和城市发展的人。研究的总体目标旨在促进城市发展能够更早更好地关注与投入到有益于人类幼年时期身心健康和社会交往所需的环境建设中。

在40个案例中,笔者对18个案例进行了聚焦学习与分析。包括有文献回顾与梳理、现场调研与访谈、亲身实地观察、影像记录、数据收集与分析、空间分析和导则提炼等。访谈的对象都是建成案例的使用者和设计者。这样做是为了回访设计、验证和补充设计知识与方法。因为大部分的工程项目在建成投入使用后便告一段落,很少有机

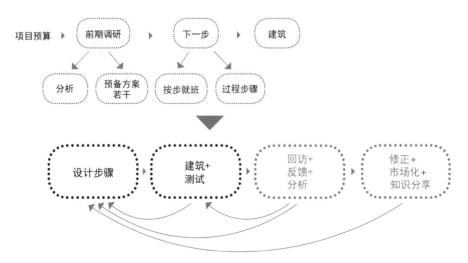

图 1.2 修正后的设计战略步骤 (挪用自克里斯特能森, 2007年, 第32页)

红色字体的文字是笔者基于克里斯特能森的设计战略步骤补充的内容,旨在强调项目回访与知识更新和分析的重要性。

会回访与修正施工前设计师所作的想象和判断。而作为"永续"的设计过程,对项目投入使用后的调研,正有助于帮助精进规划与设计的知识与方法(见上页图表)。换个方式来说,所有关于儿童的设计都是成人预设的想象,参照的是成人对于儿童空间需求和体验的理解。因此,回访项目建成后使用者的体验,和设计过程中相关从业人员的意见,可以帮助我们更客观地理解如何更为有效地规划与设计适宜儿童成长的建成环境。事实证明,这65场与不同的城市场所使用者与设计者的访谈中,确实带来了许多前所未见的知识和观点。这些作为受访对象的教育者、规划师、建筑师、城市景观建筑师、环境心理学家、儿科医生、市政府工作人员、开发商、艺术家、设计师、项目经理、儿童策略师、家长和儿童,帮助我们一起认知了无形的城市智慧和设计宝藏。在数据采集方面,预备的案例选择参考了相关公开数据信息,例如瑞典国家统计局的普查数据、市政官方网页上关于学校好评度和相关考核公示,以及其他社会公共网络上对儿童友好型场所的评分与推介。

18

为了在访谈中捕捉最自然的客观回答,访谈的地点和形式一般由被访者来建议。比如与教育者的访谈大多数都在学校进行,一来教师可以带领参观校园,二来在行走中对话更便于理解场景和所描述内容,之后再将随行访谈笔记通过电邮与受访者确认。也有若干与教育者的访谈是在学校外进行的(如咖啡馆等轻松的环境),这样做可以减少在采访过程中对正在使用校园环境的儿童与老师的影响。与具体案例的建筑师、规划师及设计师访谈,则一般在受访者办公室和工作室进行,以方便访谈时查阅图纸和相关参考资料。与父母和儿童的访谈环境则更为轻松随意,一般对话都发生在他们所活动的现场、去往活动场所的途中,或任何儿童正处于玩耍的场地环境中。这样的采访方式参考了塞勒博士(2006)的工作方法,而且也相对最自然,可以及时观察和捕捉儿童的行为方式和体验的表达。

对受访者的选择方面,笔者首先对哪些行业的职业活动会影响儿童的建成环境进行了分析(见后页图表)。弗里曼和传特以澳大利亚和新西兰为背景,列举出十二个对儿童建成环境有影响力的主要职业群,并评价称这里面的大多数职业者在工作中几乎不会考虑到儿童利益(弗里曼,传特,2012, p.229)。根据笔者观察,在瑞典社会中,除了以上十二个职业群,还有另外五个职业群在儿童建成环境方面的影响极为突出。他们分别为政府机构、建造集团、艺术家、设计师和媒体[10](见下页图红色高亮部分)。这可以说是"瑞典特色",尤其瑞典媒体在引导公众关注与维护儿童权益方面所扮演的角色,值得深思。举一个例子,曾经有多幢高层公寓楼计划将建在一所幼儿园操场的前方。由于密布的高层建筑会遮挡幼儿园操场的光照和视野,居民和家长齐心联袂反对。当地报纸等媒体进行了紧密的跟踪报道,引起了广泛的社会讨论和干涉,最终迫使原通过的建筑计划修改方案,做到优先保证幼儿园得到足够的自然光照和视野(努德斯特伦,2011)。

19

10.包括以下信息来源:

(a) www.movium.slu.se

(b) www.hallbarstad.se

(c) www.barnistan.se

(d)www.arkitekturpedagogen.se

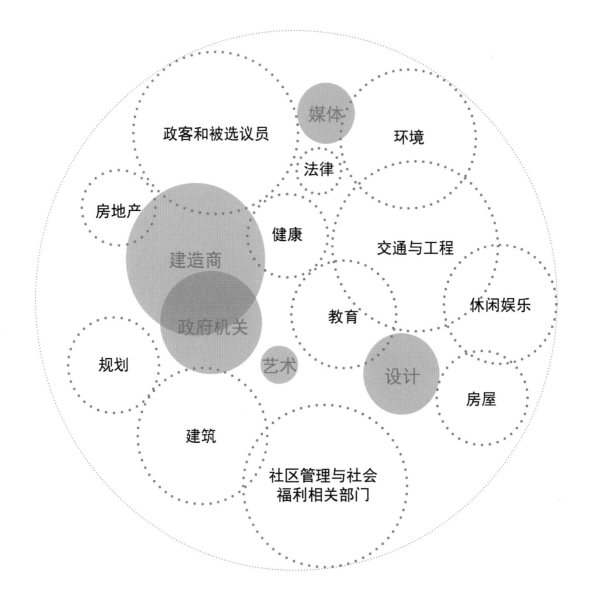

图1.3 与儿童建成环境相关的职业群

黑色文字是弗里曼, 传特在著作"儿童和他们的城市环境: 变化着的世界"第299页中所列的
与儿童生活相关的12个职业群。红色高亮文字是笔者根据瑞典社会的情况, 增加的另外5个
对儿童生活和建成环境影响力较大的职业群。

2

案例学习

2.1 案例学习的标准

　　研究所选案例,满足作者设定的"积极经验"的参考标准,它们具有不同的值得其他实践学习的地方。以下的"六块积木"框架图是案例挑选与评估的标准,以辅助准备过程中的信息收集。这些积木板块的提出,参考了若干国际上显著的儿童建成环境方面的文献[1],和被普遍认知的创建儿童友好型城市环境的要素。

　　值得注意的是,要理解这些要素,必须清楚地认知其背景条件——儿童与家庭、人、社会和建成环境之间的关系。因为不同年龄的儿童有着不同的身心发展特征和需求。看待儿童的事宜,需要将儿童与成人的世界相联系而视之,而不是将儿童看作一个孤立的"问题群体"。这是研究与处理儿童与城市关系最重要的理念和态度。对于童年的早期阶段即幼儿时期,他们的日常生活与成人更加密不可分,他们的生活状态很大程度由父母或监护人的生活方式和物理建成环境所决定。而这些童年早期的经历,将会是一个孩子长大成人的过程中最重要的人生基石、参照和记忆。

23

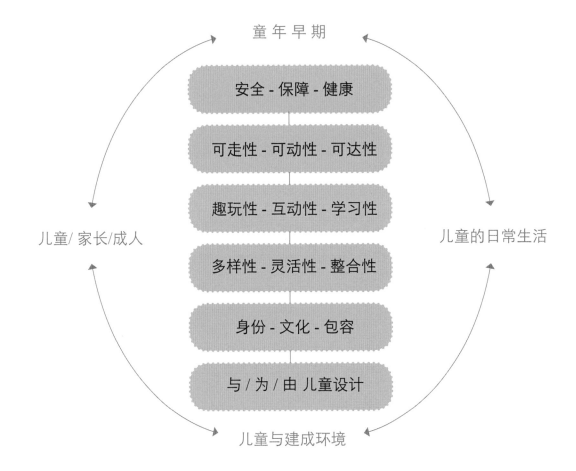

图2.1 案例选择的评价标准

以下为儿童建成环境积极案例的评价标准参考文献

(a) Lennard & Lennard, The Forgotten Child, Gondolier Press, 2000

(b) Westford, Neighborhood Design and Travel. Dissertation at KTH, 2010

(c) Freeman & Tranter, Children and Their Urban Environment: Changing Worlds, Routledge, 2011

(d) Bridgman, Child-Friendly City: Canadian Perspectives, article on Children Youth and Environments, 2004

(e) Dudek, Space for Young Children, Jessika Kingsley Publishers, 2012

2.2 研究范畴

　　研究重点着眼于与儿童相关的公共领域范畴。为什么首先关注这个方面？看看儿童的生活时间分布，便迎刃而解。在瑞典，每名儿童每年大约有181天假期，包括周末、春假、寒假、复活节[11]、运动周[12]（冬）、运动周[13]秋）、学校规划日等（见下页图）。事实上，人们对公共空间与场所的使用，不仅在节假日期间很突出，而且在孩子们的上学期间也是有明显需求的。比如，瑞典的公共政策鼓励学校多组织有教育意义的远足活动，所以孩子们的"在校生活"也会用到其他社会公共空间和场所，如游乐场、公园、博物馆、文化宫等。

　　以下将研究案例，依照其被儿童使用的时间频率由高到低进行了分类。即孩子们日常去的最多的场所与空间排放最前，分为A、B、C、D、E、F组（见下文）。

25

　　A.学校与学校操场（包括开放性的亲子中心、幼儿园和学校操场）

　　B.游乐场与公园（包括城市等级与社区等级的游乐场和公园）

　　C.公共交通（包括整体公共交通系统，如街道、公车、火车、站台与机场等）

　　D.以儿童为中心的建筑（包括专为儿童玩耍与体验所建的场所，如儿童活动中心、儿童图书馆、儿童博物馆、游乐园等）

　　E.家庭友好型公共场所（包括家长与儿童经常去的场所，如购物中心、咖啡馆、便利店等）

　　F.公共医疗（包括儿童医院、诊所、母婴康复中心、新生儿中心等公共服务）

　　以上六大类型的案例场所中，前两类建筑场所（A与B）是儿童在家庭之外驻留时间最长的地方。他们在那里玩耍、学习和社交。在普通的日常工作日期间，瑞典儿童几乎每天都会去的场所就是学校和游乐场。因此，这两类场所是除了家庭居住以外，对儿童最为重要的空间。笔者将在后面的研究中对它们进行重点分析，详见2.3部分。对于其他几类场所（见上页C-F），大多数使用情况是儿童会在父母与成

<hr />

11.复活节，是欧美传统节日，在瑞典一般结合周末等会有近一周假期时间。

12.运动周（冬），瑞典语为"Sportlov"，是瑞典国内的特定冬假，时间一般在2月到3月之间，主要用于鼓励孩子们进行更多户外体育运动。这是因为一年的这一时间内，流行疾病易传播，运动周鼓励户外运动可以积极预防孩子们在这段特殊时期生病。不同的瑞典省市运动周的日期有细微差别，例如斯德哥尔摩市2015年的运动周选在2月23-27日。

13.运动周（秋），瑞典语为"Höstlov"，它与冬假的功能类似。斯德哥尔摩市2015年秋假时间为10月26-30日。

人的陪伴下，有选择性地前往，比如以儿童为主体的建筑场所和公共医疗与服务场所。还有一些空间场所，虽然儿童的使用频率颇高，但每次所停留的时间却不长，比如公共交通、家庭友好型公共场所等。

图2.2 校历2015

一月	二月	三月	四月	五月	六月	七月	八月	九月	十月	十一月	十二月
1 T	1 S	1 S	1 O	1 F	1 M	1 O	1 L	1 T	1 T	1 S	1 T
2 F	2 M	2 M	2 T	2 L	2 T	2 T	2 S	2 O	2 F	2 M	2 O
3 L	3 T	3 T	3 F	3 S	3 O	3 F	3 M	3 T	3 L	3 T	3 T
4 S	4 O	4 O	4 L	4 M	4 T	4 L	4 T	4 F	4 S	4 O	4 F
5 M	5 T	5 T	5 S	5 T	5 F	5 S	5 O	5 L	5 M	5 T	5 L
6 T	6 F	6 F	6 M	6 O	6 L	6 M	6 T	6 S	6 T	6 F	6 S
7 O	7 L	7 L	7 T	7 T	7 S	7 T	7 F	7 M	7 O	7 L	7 M
8 T	8 S	8 S	8 O	8 F	8 M	8 O	8 L	8 T	8 T	8 S	8 T
9 F	9 M	9 M	9 T	9 L	9 T	9 T	9 S	9 O	9 F	9 M	9 O
10 L	10 T	10 T	10 F	10 S	10 O	10 F	10 M	10 T	10 L	10 T	10 T
11 S	11 O	11 O	11 L	11 M	11 T	11 L	11 T	11 F	11 S	11 O	11 F
12 M	12 T	12 T	12 S	12 T	12 F	12 S	12 O	12 L	12 M	12 T	12 L
13 T	13 F	13 F	13 M	13 O	13 L	13 M	13 T	13 S	13 T	13 F	13 S
14 O	14 L	14 L	14 T	14 T	14 S	14 T	14 F	14 M	14 O	14 L	14 M
15 T	15 S	15 S	15 O	15 F	15 M	15 O	15 L	15 T	15 T	15 S	15 T
16 F	16 M	16 M	16 T	16 L	16 T	16 T	16 S	16 O	16 F	16 M	16 O
17 L	17 T	17 T	17 F	17 S	17 O	17 F	17 M	17 T	17 L	17 T	17 T
18 S	18 O	18 O	18 L	18 M	18 T	18 L	18 T	18 F	18 S	18 O	18 F
19 M	19 T	19 T	19 S	19 T	19 F	19 S	19 O	19 L	19 M	19 T	19 L
20 T	20 F	20 F	20 M	20 O	20 L	20 M	20 T	20 S	20 T	20 F	20 S
21 O	21 L	21 L	21 T	21 T	21 S	21 T	21 F	21 M	21 O	21 L	21 M
22 T	22 S	22 S	22 O	22 F	22 M	22 O	22 L	22 T	22 T	22 S	22 T
23 F	23 M	23 M	23 T	23 L	23 T	23 T	23 S	23 O	23 F	23 M	23 O
24 L	24 T	24 T	24 F	24 S	24 O	24 F	24 M	24 T	24 L	24 T	24 T
25 S	25 O	25 O	25 L	25 M	25 T	25 L	25 T	25 F	25 S	25 O	25 F
26 M	26 T	26 T	26 S	26 T	26 F	26 S	26 O	26 L	26 M	26 T	26 L
27 T	27 F	27 F	27 M	27 O	27 L	27 M	27 T	27 S	27 T	27 F	27 S
28 O	28 L	28 L	28 T	28 T	28 S	28 T	28 F	28 M	28 O	28 L	28 M
29 T		29 S	29 O	29 F	29 M	29 O	29 L	29 T	29 T	29 S	29 T
30 F		30 M	30 T	30 L	30 T	30 T	30 S	30 O	30 F	30 M	30 O
31 L		31 T		31 S		31 F	31 M		31 L		31 T

假期
全年181天假期
184天上学日

2.3 焦点案例学习

焦点案例学习中学选取了A-『学校与学校操场』和B-『游乐场与公园』的各8个案例，进行了深入学习和分析。这些案例主要选自斯德哥尔摩城区范围，横跨斯城26个区中的4个区：位于中北部的瓦萨城（Vasastan），中西部的国王岛（Kungsholmen），中南部的南岛（Södermalm）和南部的里里亚荷门哈格斯坦（Liljeholmen-Hägersten）。这些区域的拟建房屋数量大，且正在开发较多新房区。在城区范围内，他们面临的问题和挑战更为突出。

学校与学校操场

"最好的学校为世界而造。"

—— 约翰·哈迪[14]

2.3.1 学校与学校操场

这个章节中选取了两所开放式幼儿园和六所普通幼儿园, 作为正能量实践案例进行分析学习。在六所普通幼儿园中, 分别有三所私立和三所公立学校。他们分别位于斯德哥尔摩市的三个区。除了有一所幼儿园建造于20世纪70年代(公认的瑞典幼儿园实践模式最成功的一个年代。)(比约尔斯特朗姆, 2004), 其他幼儿园均是在过去十年间建造完成或正式开放。斯德哥尔摩市内的学校开发与建造单位是SISAB[15]公司, 他们负责开发市内的所有绝大多数幼儿园和小学(不包括斯德哥尔摩郊区)。该公司所建的幼儿园模式基本类似, 本研究不对此单一模式进行探讨。研究关注的是不同建造模式的幼儿园, 有对比地进行研究和讨论。

简介:瑞典与斯德哥尔摩市的幼儿早期教育

瑞典作为福利国家, 幼儿园教育的政府补贴金全从国家的财政税收里来。据了解, 瑞典是世界上有最长带薪产假的国家, 足足有480天, 父亲的必休产假有60天(瑞典学院,2012)。在瑞典, 有幼儿的父母的受频率也很高。

未注册入园的幼儿和家长可以免费参加"开放式亲子幼儿园[16]", 几乎每个区都有。幼儿园阶段是免学费的, 因为学费基本等于政府每月发的儿童补贴金[17]。这一福利保障为许多在打基础的年轻家庭减去经济负担, 有利家庭的健康成长。瑞典家长一般送孩子去幼儿园的年纪, 是一岁到两岁之间。也就是说每个儿童在两岁以后, 他们可能和可以在幼儿园度过的时间是6—8小时。随着人口的增加, 斯德哥尔摩市为学校提供空间和财政支持上的压力尤甚。近期的学校和幼儿园需求激增, 给瑞典的规划体系带来极大挑战。有许多区域和社区的学校数量跟不上儿童人口的增长。里里亚荷门哈格斯坦的报纸曾写道:"斯德哥尔摩在未来五年间, 将迎来15000名新生儿, 这意味着该地区需要兴建100所新学校。"这样的数字对当地政府来说绝对是棘手的挑战。当地政府必须加紧建设, 才能及时满足这一需求。斯德哥

29

15.SISAB – Skolfastigheter i Stockholm AB, 斯德哥尔摩市内学校建筑公司。

16.开放式幼儿园, 瑞典名为öppna för-skolor, 类似亲子俱乐部的概念。

17.儿童补贴金, 瑞典名为barnbidrag。

尔摩地区发展与环境规划部门[18]的人口增长预测也提到,斯德哥尔摩需要在未来十年间建造2000所幼儿园,以及更多数量的房屋。

学校究竟建在哪儿?如何建学校?如何确保儿童友好型的生存环境?这些是斯德哥尔摩的核心发展问题。特别是对那些城市增长迅速、人口结构转型、幼儿和家庭数量增加的社区邻里来说,尤为如此。瑞典2007年的NUTEK&Almega运动,通过了私立学校可以与公立学校一样获得国家财政补贴的法案。此法案自1992年引入后,越来越多的私立品牌学校进入了市场(韦斯特福德, 2010)。现在市面上在使用中的许多校舍,都建设于20世纪50至70年代间(比约尔斯特朗姆, 2004)。因此, 许多学校的建筑正在进行升级和改造, 或是刚完成改造。从一些新建校舍或翻新校舍的案例中,我们看到,老楼改造作为学校的趋势越来越明显,这种做法特别是被很多私立学校采用。新建的公立学校在建筑节能上花了很大功夫,这些学校在建筑审美上比较平淡。

学校操场对儿童的户外运动和健康发展起着关键性作用。教育者和研究人员都纷纷发现,学校操场对儿童的健康影响(莫特森, 2012)、环境教育(赛本斯基, 2014)和环境永续性意识培养(丹克斯, 2014)有极高的价值。在丹克斯的深入研究和实践指导手册《从柏油地到生态系统》中,她论述了学校操场的独特价值:"学校操场担负着教育出我们社会的未来领袖的责任⋯⋯操场是儿童与成人发生交流的公共场所。"斯德哥尔摩的学校操场外围一般都设计成有手动门匝的轻质围栏(穿透式护栏材料)。这样的设计是因为学校操场被归属为社区公共空间的一部分。在非学校日,社区居民可以进入使用学校的操场。然而,任何公共空间都涉及维护和保养,学校操场亦是如此。现实中,在建筑师做设计时,经常被要求设计维护需求低的操场。这反映出学校操场作为公共领域,缺乏公共管理的定义和措施。品质操场需要良好的维护,仅有好的设计是不够的。最近在斯德哥尔摩,一些家长和景观建筑师联合抗议批评新建学校的操场和户外环境欠佳。他们的观点是,城市发展应合理考虑高密度人居环境中学校操场的设计。没有操场或学校户外活动空间减少,是不利于儿童的健康发展的(《建筑师》,2015/08)。另外,瑞典媒体也频繁报道关于幼儿园的

30

18.斯德哥尔摩地区发展与环境规划部门,瑞典名为Stocklolms Läns Landsting。

市民辩论。可见，整个社会对幼儿教育设施的品质、建设和管理都十分重视。这便是瑞典城市正在面对着的，为保障提供充足、安全、高品质的学校设施和教育的挑战与机遇。

图2.3　学校和学校操场案例分布（底图为斯德哥尔摩轨道交通图）

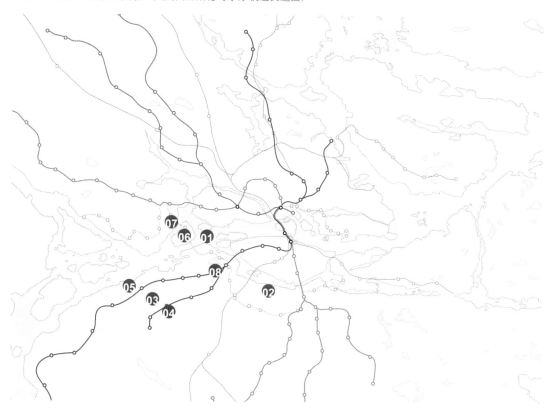

01　国王岛开放式亲子幼儿园 Kungsholmens open pre-school

02　鲁玛开放式亲子幼儿园 Luma open pre-school

03　帕拉藤幼儿园 Paletten: pre-school

04　欧林澎学校 Olympen: pre-school+primary school

05　英斯图蒙泰特幼儿园 Instrumentet: pre-school

06　斯德哥尔摩蒙特梭利国际学校 STIMS: pre-school, primary school

07　沃颜幼儿园 Vågen: pre-school

08　皮皮马卡然幼儿园 Pipmakaren: pre-school

开放式亲子幼儿园(0-5岁儿童)

开放式亲子幼儿园是一项瑞典的传统,是每个市区和社区生活的一部分。开放式亲子幼儿园给幼儿充分机会认识新朋友,锻炼社交能力和运动技能。同时,家长们也可以在这里相遇和分享育儿经验。更有一些熟识家长群,会组织兴趣圈活动,比如散步、亲子瑜伽等。

在斯德哥尔摩,有超过50家政府持有和运营的开放式亲子幼儿园,在周一至周五的工作日时间对公众开放。大部分父母都会在休产假期间,大约至少每周一次带孩子去亲子幼儿园。亲子幼儿园的活动由老师和工作人员组织安排,他们直接受聘于各区政府。园里的活动一般包括非组织型自由玩耍,有组织型音乐和舞蹈等活动。

以下挑选了两家有代表性的开放式亲子幼儿园:一家位于城市公园内,有独立的建筑;另一家在城市社区内的综合建筑里(社区中心)。他们代表了斯德哥尔摩的开放式亲子幼儿园的主要类型。关于这两所开放式亲子幼儿园的简介,如位置和基本情况,请见下页图表。案例分析和比较参见后文。

32

表2.4 开放式亲子幼儿园基本信息

	学 校	时 间	地理位置	校园特征
01	国王岛开放式亲子幼儿园	• 在罗兰姆荷夫公园的"公园乐玩[19]"小屋,开放于2011年 • 于2013年搬入现用独立小屋 • 更早期位于国王岛其他建筑内	• 位于罗兰姆荷夫公园的"公园乐玩"项目的游乐场内 • 紧邻水岸 • 步行距离到最近公共交通站点	• 一层楼的绿色木建筑,学校花园外有栅栏 • 周围环绕游乐场、公园和开放绿地 • 提供室内与室外活动 • 开放式厨房提供水、制冷、加热、咖啡设备等 • 有多个洗手间和婴儿护理台 • 独立四季型婴儿车停放间
02	鲁玛开放式亲子幼儿园	• 搬入鲁玛图书馆内,开放于2013年 • 更早期位于哈马碧湖城社区其他建筑内	• 位于主要服务于哈马碧湖城的鲁玛社区图书馆建筑内, • 亲临水岸, • 步行距离到最近公共交通站点	• 位于厂房改造后的社区图书馆建筑二层 • 图书馆一层有儿童阅览区和婴儿车停放区 • 开放式平面,无户外花园 • 开放式厨房提供水、制冷、加热、咖啡设备等 • 有多个洗手间和婴儿护理台 • 图书馆建筑外有开放花园和绿地

国王岛开放式亲子幼儿园
Kungsholmen's open pre-school
位于罗兰姆荷夫公园内,梅拉伦湖畔

鲁玛开放式亲子幼儿园
Luma open pre-school
位于鲁玛公园内,河渠岸边

国王岛开放式亲子幼儿园
Kungsholmen's open pre-school
一层绿色木建小屋

鲁玛开放式亲子幼儿园
Luma open pre-school
鲁玛图书馆二层

19.公园乐玩,瑞典名parklek,是一项由成人组织的公园内儿童活动。

01 国王岛开放式亲子幼儿园
儿童与成人的公园社交中心

  国王岛开放式亲子幼儿园位于罗兰姆荷夫公园（Rålambhovsparken）的游乐场内。它紧邻梅拉伦湖畔，绿树环绕，空间开阔，公共交通便利。该园是一幢独立的一层楼绿色木屋建筑，毗邻另一幢70年代建的公园游乐小木屋。这个园子有自己的小庭院，庭院外围是更大的游乐场和公园。院外有独立的四季婴儿车停放处，设在幼儿园入口处。幼儿园内设有供活动使用的开放式客厅，厨房和用餐区。父母可自备食物，用微波炉加热。洗手间内提供有免费尿布，专为婴儿和幼儿设计的更换台和马桶。相邻的公园游乐小木屋内提供有其他多项的室内游乐活动设施，可以作为亲子幼儿园的延展游乐选项。

婴儿车停放处

亲子幼儿园开放日

亲子幼儿园隔壁"公园游乐"服务小屋室内一角

　　鲁玛开放式亲子幼儿园位于鲁玛图书馆的第二层。这座建筑原来是鲁玛工业区（Luma Industry）的工业用房，后经改造而成今天的鲁玛图书馆——南岛社区中心的一部分。在图书馆一层有室内婴儿车停放区。儿童阅览区也设立在一层，离图书馆入口很近。鲜明的儿童特色设计语言让每一个到鲁玛亲子幼儿园的人都不会错过这个儿童图书区（详见第96页）。鲁玛亲子幼儿园的空间采用开放式设计和可移动的低矮家具，方便灵活搭配组合。这样的空间视线开阔，有益交流、照看儿童和组织多样的活动。房间内入口处设有缓坡，以便有些家长到来时婴儿还在手推车中睡觉，或者参加完幼儿园活动后需要在手推车中休息。房间内也分别设有若干间儿童与成人使用的洗手间，并特意安装了尿布更换台。房间正中是开放式厨房，父母可以加热自带食物，厨房也提供咖啡与茶饮。

亲子幼儿园入口坡道

阅读角

儿童视平线区域界面

开放式客厅

图2.5 开放式亲子幼儿园与公共交通之间的关系

观察得之,斯德哥尔摩市最受欢迎的两家开放式亲子幼儿园,离公共交通的距离都很
近。可乘坐公共交通方便地直到这些幼儿园,这是它们成功的决定性因素之一。家长或
成年人也时常会需要推着婴儿车出行或漫步,因此去往亲子幼儿园的路径方便可达至
关重要。在这两个案例中,开放式亲子幼儿园都位于城市公园中,开阔的绿地和湖畔相
围绕,还有安全的步行和婴儿车人行道,周边也有其他配套公共休闲场所。

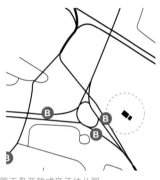

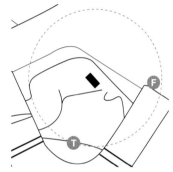

国王岛开放式亲子幼儿园

学校到最近公交车站的直线距离为125米,
约1分钟步行距离。

鲁玛开放式亲子幼儿园

学校到最近渡轮点的直线距离为125米,约
1分钟步行距离。

 学校 　　　　路网结构

T 地铁站　　　 B 公交站　　　 ○ 学校到最近公共交通站点半径范围

幼儿园(1— 6岁儿童)

这里选择了六所幼儿园进行重点学习,它们分别是:帕拉藤幼儿园(Paletten)、欧林澎学校(Olympen)、英斯图蒙泰特幼儿园(Instrumentet)、斯德哥尔摩蒙特梭利国际学校(STIMS)、皮皮马卡然幼儿园(Pipmakaran)和沃颜幼儿园(Vågen)。下页的图表中列举了幼儿园的基本信息,后文附有解析。

这六所幼儿园的选址分别在公园中、新老居民区中和校园综合区。其中,三所幼儿园(帕拉藤幼儿园,欧林澎学校和英斯图蒙泰特幼儿园)位于城市中老社区邻里单元中的新居民区内,土地类型是工业用地转居住用地。另外三所(皮皮马卡然幼儿园, 斯德哥尔摩蒙特梭利国际学校和沃颜幼儿园) 则位于公园区域内,附近有工作和居住区。每一所幼儿园都有不同的特色教学方法,他们的共同点是都离地铁站只有约五分钟的步行距离。除了帕拉藤幼儿园是由私人开发商建造以外,其他五所幼儿园均为政府所建。这六所幼儿园的所有权均是瑞典国家。欧林澎学校,斯德哥尔摩蒙特梭利国际学校和皮皮马卡然幼儿园为私人运营品牌,另外三所为政府公立运营。自2015年后,斯德哥尔摩的公立与私立学校[20]的入学排队系统合二为一,家长统一在市政网在线为孩子注册排队。排队次序、学校情况和评分报告等均能在线查阅。

20.瑞典的公立与私立学校,指的是运营性质的私有或公有。

表2.6 学校和学校操场基本信息

	学 校	时 间	教学方法	地理位置	校园特征	公立/私立
03	帕拉藤幼儿园	建于2007-2010年，开放于2010年8月	瑞吉欧教学法 (Reggio-emilia)	• 位于工业地带和自然树林之间 • 相邻小学 • 步行距离到公交站点	• 两层楼流线型黄色木建筑 • 学校操场深入树林 • 社区游乐场和公园离学校步行距离	公立
04	欧林澎学校	更新于2007-2010年，开放于2010年8月	多元教学法，强调体育和语言特色	• 位于当地主干道一侧 • 毗邻社区公园和体育场 • 步行距离到公交站点	• 三至四层红砖老厂房建筑 • 学校操场较小，但附近有社区游乐场	私立
05	英斯图蒙泰特幼儿园	建于2010-2012年，开放于2013年1月	强调语言和数学特色	• 位于本地小路的末端 • 环绕自然和水岸 • 步行距离到公交站点	• 位于九层楼高的新住宅底层 • 学校操场原为住宅楼前花园，空间有限，但附近有社区公园、游乐场和开放绿地	公立
06	斯德哥尔摩蒙特梭利国际学校	建于1855-1871年，原为精神疗养院，更新于1995年，开放于2009年	蒙特梭利教学法，国际，中文特色	• 位于校园区内（教室培训、小学、特色学校、青少年体育俱乐部等） • 位于公园内，临近水岸 • 可视距离到公交站点	• 四至五层黄色瑞典民族浪漫主义风格老建筑 • 学校操场保留原建筑室外花园，无游乐攀爬设施 • 周围环绕开放绿色、公园和游乐场	私立
07	沃颜幼儿园	建于2013年，开放于2013年11月	传统教学法	• 位于本地主干道一侧，公园内部，临近水岸 • 相邻小学 • 步行距离到公交站点	• 两层楼绿色预制式组装临时建筑 • 学校操场是社区公园和游乐场的一部分	公立
08	皮皮马卡然幼儿园	建于1970年/1980年早期，作为精灵学校(Pysslingen school)开放于80年代	波恩荷姆教学法 (Bornholmsmodellen) 瑞吉欧教学法 (Reggio-emil)	• 位于公园内 • 相邻出租花园、足球场、水岸、社区游乐场等 • 步行距离到公交站点	• 一层楼红色木建筑 • 学校操场空间开阔，设施多样	私立

帕拉藤幼儿园

PALETTEN

该地块建于30年代

欧林澎学校

OLYMPEN

该地块建于30年代, 2000年左右有作更新

英斯图蒙泰特幼儿园

INSTRUMENTET

该地块建于30年代, 2000年左右有作更新

斯德哥尔摩蒙特梭利国际学校

STIMS

该地块建于1880年/1920年/1980年/1990年

沃颜幼儿园

VÅGEN

该地块建于70年代

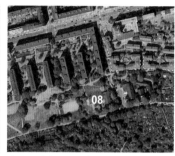

皮皮马卡然幼儿园

PIPMAKAREN

该地块建于30年代

幼儿园

PALETTEN

幼儿园+小学

OLYMPEN

幼儿园

INSTRUMENTET

幼儿园+小学+初中

STIMS

幼儿园

VÅGEN

幼儿园

PIPMAKAREN

03 帕拉藤幼儿园
不同视角，共享价值

学校主入口

一层工作坊教室（一层室内为粉红主题）

二层某班中心客厅（二层室内为绿色主题）

　　帕拉藤幼儿园是瑞典最现代的幼儿园模型之一。学校位于一个后工业工地地块上，建筑群内包括瑞典国立艺术与设计学院、前爱立信电信公司总部和若干仓库等。学校位于一条本地街道的末端，身后是垂直的自然树林。学校的基地地形狭长，这对规划与设计是个不小的挑战。

　　幼儿园周围的社区是爱立信之城（LM-Staden），这个地带建成于20世纪30年代，主要是线型排列的功能主义小公寓楼。斯德哥尔摩市立博物馆授予这个社区"绿色社区"的称号。由于其本身创意文化社区特色，这个社区在近十年间受到瑞典年轻人的热情追捧。因此，该区域的房屋、服务与教育设施需求稳步上升。

孩子们很喜欢这个操场的，但在潮湿季节他们常常弄得满身是泥。我想是因为操场地面材料或施工原因造成的。我倒不是太在意，但我知道有些家长很在意。学校的建筑设计很特别，颜色鲜艳，容易辨认。

设计中我们保留了所有原有的大树，并在操场里种了新的苹果树。为了提高安全性，让幼儿玩得更开心，我们建议修改地形，为此我们付出了很多努力。我们和学校建筑设计的建筑师紧密合作，希望学校的室内外环境相补充相呼应。

本哥特，
景观建筑师

特雷斯，家长

丽莎洛特，
校长

学校操场有上下两个层次。下面一层较平坦安全，通常年纪较小的孩子在这儿玩。我个人最喜欢这个花朵形状的大沙坑，它柔和的线条吸引着很多孩子。许多人认为学校的建筑很独特，因此，有很多优秀教师来这应聘。

学校地块处于原工业园区内。我们不希望新建的幼儿园感觉拥挤和"工业"风格。我们期待能耳目一新的建筑语言。我们的目标是打造激发创造力的幼儿园建筑环境。

41

达歇，开发商

拉尔斯，公务员

我们最喜学校的操场——森林。这能无意识培养孩子的环境意识。天气好的时候，学校有时会邀请家长和孩子们一道在操场野餐。我们感到很开心。学校采用了流行的瑞吉欧丽莎（Reggio-Emilia）教育方法，关注培养孩子的自我意识和团队合作能力。

学校的早期设计阶段，有老师与建筑师一起做工作坊讨论，为了帮助建筑设计能体现瑞吉欧教育方法。原来学校操场的场地过小，于是政府补给了学校后院的一片森林绿地作操场。

艾瑞克，家长

莎拉，家长

建筑设计遵循教育方法是瑞典近期幼儿园的发展趋势。父母既关心学校的建筑环境，也在乎教学方法和课程设置。有一些成年人非常欣赏这个幼儿园的建筑外观，也有一些不然。学校贴近自然，自然是学校操场的一部分，是这所幼儿园最吸引孩子和成人的地方。

04 欧林澎学校（幼儿园+小学）
整合利用现有资源，一体式规划

学校入口（操场）

从离学校最近的社区游乐场眺望学校

欧林澎学校由老社区中的一幢仓库改造而来，学校建筑是私立学校欧林澎集团租用的。这个学校包括幼儿园和小学，都在一幢建筑里，有一个半开放空间的操场。学校建筑临近本地交通的一条主干道，四周环绕着单行机动车道。学校周围是新建的社区居民楼，有一个社区的游乐场在距学校约十米处。

学校附近街区中有咖啡馆、餐厅、手工坊和精品店、室内健身房和室外游乐场等。有时老师会带学生去社区的健身房和游乐场，作为补充学校用房不足的一种灵活方式。

学校主立面街景

幼儿园位于主干道一侧的居民楼内，显眼易识别。我的两个孩子都在这所学校，从家到学校有两站距离，我们每天都坐地铁去学校。之前，在我们家附近有所学校很想去的，可惜没有排上队。现在这所是我们能上的又离家最近的国际学校。

米娅，家长

新老混合的社区，更有历史感和活力。我听说欧林澎学校是由原来的老建筑改造的，它对面还有一幢建筑也在改造，听说是英国学校。希望我女儿将来去那儿上学。

乔纳斯，家长

我是在这个邻里社区长大的，看到这些老房子得以保留，并改造成学校和公寓，增强了社区个性，我感到很欣慰。

伊丽莎白，本地居民

每天都开车送孩子上学。虽然从我们住的地方到这里坐地铁和巴士也能到，但是路程不是很方便，如果开车用的时间就少多了。

我丈夫以前在爱立信工作，他们的办公楼就在学校隔壁。正因如此，我们才发现了这所适合我们的学校。

艾玛，家长

43

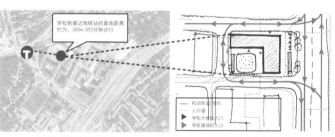

学校到最近地铁站的直线距离约为：280m/约3分钟步行

欧林澎学校的地理位置　　　欧林澎学校外部的交通流

机动车道方向
人行道
学校大楼的入口
学校操场的入口

我们几乎每天都走路送女儿上学，有时女儿会骑自行车或滑板车上学。我们幸运地在学校旁边的社区找到合适的公寓，女儿能有自己的房间。现在市区公寓太贵了，而且也不能保证我们喜欢且买得起的房子附近能有好学校。我们宁可先找到适合孩子且孩子喜欢的学校，再决定住哪儿。

扬，家长

家长或大人接送孩子时，我们总是提醒他们随手关门。因为学校外围有一条单行机动车道，老师们需要时刻注意看好孩子，不能让他们溜出栅栏外。上周，操场的门不知道谁没有随手关上，差点就发生危险。

约瑟芬，教师

社区内建新学校有利亦有弊。不同相关利益方对学校选址、操场大小、建筑保护与更新和社区身份认同等因素的态度不尽相同。然而，大多数家长都希望幼儿园在家附近。如果孩子习惯于一所幼儿园，建立了稳定师友关系，家长即使对学校环境有所不满，还是会接受现状。

05 英斯图蒙泰特幼儿园
综合性住宅楼, 底层可做幼儿园

该幼儿园位于2011年完工的居住区西北角的一幢综合型居民楼内。幼儿园入口设在社区周围的一条步行道上。由于步行道和学校建筑即居民楼入口的地形高差, 进入学校需要先走向下的楼梯或坡道, 然后穿过学校的小操场(原居民楼小花园)。

进入学校首先看到的是更衣区, 旁边有长条形洗手池。据学校负责人介绍, 这种水池的做法是新幼儿园才有的。她认为这种设计很实用, 因为孩子在小操场玩耍后进入学校可以及时清洗, 在这个空间中孩子们会学会很多东西。园内有三个班级, 每个班级都有一个开放空间作为主教室(一些配有额外的小房间), 开放式厨房。每间教室都有水源。教室的自然采光十分充分。

幼儿园位于新住宅底层(步行道左侧)

44

某班级教室的客厅(中心区域), 自然光源充足

我女儿的日托就在我们公寓楼下。实在很方便，孩子有时会自己下楼去学校，似乎感觉学校就是家。我对这所学校很满意，尤其感谢学校老师的辛勤工作。

新住宅综合楼(红圈内是幼儿园)

学校入口处(红圈内是洗手池)

玛丽，家长

玛丽亚，园长

不过学校操场太小，且原来的设计只是普通的住宅花园，小孩子们并不会像成人那样去欣赏，园子对他们是基本不实用的。他们需要的是玩耍。所以学校后来改过一次，增加了些基本的游乐器械。学校几乎每天带孩子们远足。这点十分难得。

我认为有独立建筑的幼儿园比公寓底层作幼儿园好得多，因为那样的学校空间更少受干扰，且易使用和管理。

这个学校操场太小，且高差大，坡度陡，冬季和雨季泥沙易滑落。操场在建筑背阳面，冬天只有很短的日照时间。为了补充操场的有限条件，我们几乎每天都得去社区游乐场和公园。一开始社区游乐场没有围栏，这对管理是有安全隐患的。

社区开放绿地(红圈内是社区游乐场)

市政网公示的学校评分
（红圈内的两项分别是家长满意度100%和家长100%推荐此校）

拉尔斯，区公务员

我们这个区拟建的新住宅数量是全市最多的，尽管我们的可用土地不是最宽裕的。规划上我们采用建综合功能的住宅楼，将其底层作为幼儿园。这样学校离家近，家长都比较喜欢。家长也喜欢围合式院子，这样孩子独自在院子里玩耍，家长在家看见，感到安全。与将幼儿园放在屋顶的方案相比，我们更倾向于放在住宅低层，同时我们优先考虑采光好的区域做幼儿园。

教师是品质学校的核心。好的设计可以激发孩子更加享受学校生活，但学校生活的重心还是教师的表现和孩子之间的相处关系。若没有充满热情负责的教师，即使学校环境设计得再好，也于事无补。过度设计会剥夺孩子的空间体验和乐趣。

06 斯德哥尔摩蒙特梭利国际学校（幼儿园+小学+初中）
历史建筑再利用，老建筑焕发新功能

斯德哥尔摩蒙特梭利国际学校位于国王岛（Kungsholmen）上的康纳得伯格（Konradsberg）综合校园区内。这个综合校园区由学校置业（Skolfastigheter）所有，包括有教师培训中心、特殊类学校、小学、幼儿园、课后兴趣学校、学生体育俱乐部等。斯德哥尔摩蒙特梭利国际学校是一所私人运营的学校，学生年龄包括1-15岁儿童，学校有幼儿园、小学和初中学部。学校建筑原是17世纪中叶所建的精神疗养院，出租给蒙特梭利学校后，学校运营者对建筑内部和室外进行了局部改造。

这所学校位于公园绿地内部，毗邻罗兰姆荷夫公园（Rålambshovsparken）。学校距离地铁和公交车站都在步行范围内。由于其交通便利和特色教学，吸引了许多附近和稍远区域的学生和家长。大部分学生每天上学都会穿过公园，可以随时看到不同的四季景象。学校也将公园作为日常教学的一部分，上课期间学生经常在公园内玩耍和活动。

学校西面入口

学校外部的公园

冬日学生在学校外公园的雪地上玩耍

尤纳斯，家长

史黛芬妮，家长

家长们曾在社交媒体上多次讨论过如何改善学校操场，并收集了很多想法。我们希望学校对这件事也和我们一样有兴趣和决心。

学生们在学校外公园里活动

学校课程很有特色，且这所学校学生的学习成绩在全国居榜首。虽然孩子可能在开始阶段要花一段时间去适应蒙校的方式，但是我对这个教学方法有信心，相信我们的孩子能从学校收获更多。

学校西南一角/学校花园

我们知道学校的建成环境对于蒙校教学尤为重要。所以我们选择这幢位于静谧的公园内的历史建筑做学校。家长和孩子都很感激学校能有这么好的自然和人文环境。学校在租用这幢建筑后，对室内环境进行了适合教学的更新。不是每个房间都有水源，肯定是不完美之处，但后来我们找到了解决的办法。我们也鼓励老师去更好地理解使用建筑的空间和学校周围的环境。

吉尔，校长

Skolverket

For behörighet till gymnasiet krävs godkänt i matematik, engelska, svenska eller svenska som andraspråk. Utöver detta måste eleven ha godkänt i fler ämnen. Till yrkesprogram måste eleven ha godkänt i ytterligare fem ämnen, till högskoleförberedande program krävs ytterligare nio ämnen.

Fakta: 20 skolorna med högst betyg

Skola	Genomsnittligt meritvärde	Kommun	Skolform
1. Stockholms internationella Montessoriskola	289.1	Stockholm	Friskola
2. Premraskolan Södra	284.4	Stockholm	Friskola
3. Enskilda gymnasiet grundskola	283.3	Stockholm	Friskola
4. Engelska Skolan Norr	282.2	Stockholm	Friskola
5. Futuraskolan Lidingö	282.1	Lidingö	Friskola
6. Punkaskopnikolan Saltsjöbaden	281.1	Nacka	Friskola
7. Adolf Fredriks musikklasser	279.7	Nacka	Kommunal
8. Vialeda privatskolan	279.6	Malmö	Friskola
9. Högalidsskolan	278.3	Stockholm	Kommunal
10. Musikklassen Lilla Akademien	277.2	Stockholm	Friskola
11. Skanör Falsterbo Montessoriskola	275.8	Vellinge	Friskola
12. Europaportens grundskola	275	Malmö	Friskola
13. Carlssons skola	274.3	Stockholm	Friskola
14. Franska Skolan/Ecole française	273.9	Stockholm	Friskola
15. Engelska Skolan i Brämma	273.1	Stockholm	Friskola
16. Atlasskolan	273.2	Solna	Friskola
17. Bilingual Montessori School of Lund	273.1	Lund	Friskola
18. Äppelviksskolan	271.5	Stockholm	Kommunal
19. Utbildning Silverdal	270.8	Sollentuna	Friskola
20. Täby Friskola-Entagen	270.4	Täby	Friskola

Genomsnittligt meritvärde för hela landet är 214.8. Observera att en del skolor faller bort i statistiken eftersom de har så få elever.

Källa: Skolverket (TT)

瑞典国家测试 /国际学生评估项(PISA test)
红色圈内表示该学校在全国排名第一

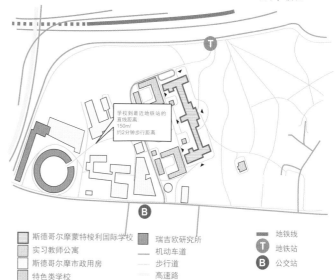

学校到最近地铁站的直线距离
150m/
约2分钟步行距离

图例			
▨ 斯德哥尔摩蒙特梭利国际学校		▨ 瑞吉欧研究所	▬ 地铁线
▨ 实习教师公寓		—— 机动车道	T 地铁站
▨ 斯德哥尔摩市政用房		—— 步行道	B 公交站
▨ 特色类学校		—— 高速路	

学校所在康拉德伯格校园综合区平面

如果我们选择去家附近的学校，路程上会减少半小时。但是我们觉得这所学校有一整套从幼儿园到初中的系统，孩子能有机会与结识的朋友一起一路成长，稳定感很强。而且学校在城市中心区，离公共交通站点近，方便。

约兰达，家长

📝 对于历史建筑改造的学校，由于严格的保护条例，不可能大尺度改动，即使是户外环境。如果建筑的户外空间即学校操场范围，没有得到合适的改造，对于学生来说并不是有利的。私立学校在选址时，更看重位置和建筑品质，而不是有无合适的操场环境。然而如果学校置身于一个大公园中，教师和家长可能因此妥协。

07 沃颜幼儿园
功能强的临时方案

学校南立面(从游乐场向学校望去)

门开启后可固定(门安全装置)

楼梯处安全门装置

某班及客厅(主活动区)

　　沃颜幼儿园是一幢临时性组装式木建筑[21]。这是因为该地区的人口增加较快,幼儿园数量跟不上住房数量。这所幼儿园位于地区公园和游乐场之中,旁边有其他幼儿园和小学。学校外面的游乐场在学校落成前就规划设计完毕,这也是这个临时性学校选址的重要原因。它带来的暂时性好处就是学校可用游乐场的部分空间作为操场的补给。

　　幼儿园内部的环境严格执行SISAB的最新标准,每个班级都有客厅、开放厨房、用餐区、游戏室和洗手间。园内设有学校厨房,厨房有不干扰幼儿园出入口的独立出入口。所有的固定与移动家具均采用原木材料。教室和老师办公室的自然采光和人工光源十分充足。室内地板采用了吸音的静音材料。

21.斯德哥尔摩地区发展与环境规划部门,瑞典名为Stocklolms Läns Landsting。

通往学校主入口的坡道

学校操场

幼儿园临时建筑和其他学校进驻公园后，公园明显变小了。难道公园和公共绿地该这么使用吗？

艾玛，当地居民

教师的办公区位于一楼，有独立通往学校操场的门。即使在黑暗的冬天，办公室的采光也很充裕。办公区内有一个生活区域和开放厨房，可供老师休息或安排一些非正式会谈。唯一不足是我们去往卫生间需要通过一个班级教室。

安娜，教师

玛格丽特，校长

约翰，家长

我喜欢早上带小孩去游乐场，因为那个时间人不多。我看到游乐场旁边新建了一所幼儿园，我立刻就帮孩子报了名。如果我们能幸运地排上队去那里上学，生活会很方便。

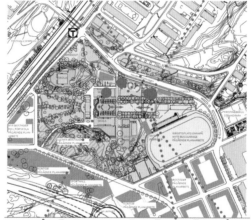
克里斯汀娜伯格皇宫公园平面图

这所幼儿园是临时建筑。学校操场是社区游乐场项目之前一起建造的，但划分了一部分给临时幼儿园使用。因为幼儿园的位置便利，吸引了很多家长和孩子。

49

公园内的克里斯汀娜小学(公立)

采光充足的办公区域

莱克布什肯游乐场

将幼儿园安放在社区公园好坏非绝对。一方面这于学校的学生和家长是件受益的事，另一方面对于当地居民和公园置业单位或许有消极影响。因为如果补充学校用地的方式是从绿化和公园用地中获得，长远来看是不合适的。然而事实上，家长、老师和儿童都更喜欢靠近游乐场、公园和公共交通的幼儿园。

08 皮皮马卡然幼儿园
维护有方的经典之作，经得起时间的考验

皮皮马卡然是瑞典第一家，也是规模最大的私人运营的，精灵（Pysslingen）连锁品牌学校集团的本地幼儿园。皮皮马卡然幼儿园位于坦特隆德（Tantolund）城市公园内，建于20世纪70年代，它代表了瑞典的经典的幼儿园建筑类型之一。

学校选址靠近公共交通站点，四周没有机动车道。"一室一景"是学校建筑环境最突出的特色。学校被公园环绕，有东西南北四个入口，以方便不同年龄段的学生、家长和教职员工而设计。学校的操场空间开敞，绿植都有经过精心挑选，游乐设施丰富多样。幼儿园维护有方，然而在面对新的环境标准和建筑节能要求上，学校还是感到很有压力。

学校操场一角

莱克布什肯游乐场(1-3岁)

午睡与休息用房

室内运动房

班级教室间的更衣与休息空间

学校外邻的城市出租花园

学校外邻的城市公园和水岸

学校外邻的足球场

凯琳，家长

学校的操场很宽敞，有葱郁的花园和绿荫，游乐设施多样而丰富。学校操场的维护有加。孩子们在园子里能看到鲜明的四季景象。

安娜，家长

当我找到理想的学校就坐落在公园的时候，感到十分兴奋。学校的户外空间非常充足，教学特色也十分吸引我们。虽然学校离家有一段距离，但我们整体感觉很好。

51

学校操场一角

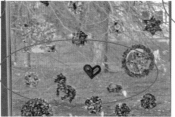

学生们的手工作品与窗外景色遥相呼应

学校外邻的社区游乐场

我们喜欢住在这个社区，这里交通便利且亲近自然。社区附近有好几个不错的幼儿园，另外还有其他配套服务设施。但我估计这些幼儿园应该很难排上队。

玛丽特，园长

学校的最大优势就是它的地理位置——城市公园内，靠近公共交通，学校四周没有机动车道。每间教室都能看到公园，孩子们每天的生活都与自然有着亲密接触。

安德斯，家长

成功的选址是幼儿园永久性的优势。位于公园中的幼儿园，在校园整体环境上有明显优势。人们在选择居住区时，会优先考虑有高品质幼儿园、休闲娱乐设施和亲近自然的社区环境。

图2.7 学校建筑与学校操场总平面图

下图展示了六所幼儿园的学校总建筑平面,和学校建筑与学校操场的比例关系。其中两所私立运营的幼儿园(欧林澎学校和斯德哥尔摩蒙特梭利学校)的建筑是由老建筑改造的。由于这两个学校包括了幼儿园和小学甚至初中中学部,所以它们的建筑体量明显大一些。但是它们的学校操场相对偏小,尽管四周环绕着公园和游乐场。英斯图蒙泰特幼儿园的学校建筑就是居民楼的底层用房,它的操场面积最小,且地形不理想。其他三所学校都是专属幼儿园建筑。沃颜幼儿园虽然是临时性建筑,操场也很小,但是它地处于游乐场和公园,距离公交站点很近。帕拉藤幼儿园和皮皮马卡然幼儿园,一个当代款,一个经典款,它们的学校操场是六个案例中相对最宽敞和乐趣丰富的。

帕拉藤幼儿园(Paletten)

欧林澎学校(Olympen)

幼儿园+小学

英斯图蒙泰特幼儿园(Instrumentet)

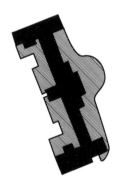

斯德哥尔摩蒙特梭利国际学校(STIMS)

幼儿园+小学+初中

沃颜幼儿园(Vågen)

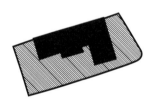

皮皮马卡然幼儿园(Pipmakaren)

 学校　　 操场

图2.8 学校四周的交通环境

学校周围的交通环境决定了在校儿童的出行安全和活动能力。交通带来的噪音和空气污染，对于儿童的健康成长影响巨大。所选六个案例在交通环境上都满足瑞典标准，严格执行了学校区域内的交通分流和管制，除了欧林澎学校有所特殊。欧林澎学校是居住区内的老建筑改造，由于居住区规划是保留了原来的交通结构，所以学校租用老建筑办学后，对周边的交通无法改变。优点与缺点非能一言蔽之。与之相反，皮皮马卡然幼儿园的四周几乎没有机动车道，斯德哥尔摩蒙特梭利国际学校亦是如此，原因是这两所学校的选址都在公园内。帕拉藤幼儿园、英斯图蒙泰特幼儿园和沃颜幼儿园的三面都是步行道，只有一侧是连接的是本地机动车道。

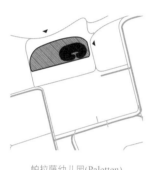

帕拉藤幼儿园(Paletten)

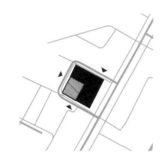

欧林澎学校(Olympen)
幼儿园+小学

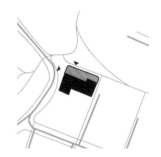

英斯图蒙泰特幼儿园(Instrumentet)

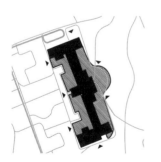

斯德哥尔摩蒙特梭利国际学校(STIMS)
幼儿园+小学+初中

沃颜幼儿园(Vågen)

皮皮马卡然幼儿园(Pipmakaren)

 学校　　 入口　　—— 步行道
—— 机动车道

图2.9 学校与公共交通的关系

所选案例均满足使用者对学校选址的期待, 即离公共交通站点近。这六个学校平均到最近地铁站的直线距离是140-410米, 约5分钟步行距离。学校附近还有方便的公车交通站点。尽管斯德哥尔摩的城市政策支持就近上学, 然而由于学校建得离公共交通站点很近, 所以在一些人口增长较快, 幼儿园设施不足的区域, 家长们还是可以选择去离家有一定距离的学校。对于住在不同区域的教师也很适用。一些建在主要公交中转附近的国际学校或特色类学校, 甚至会吸引全城的学生和家长。学校选址离公共交通站点近和便利的交通条件, 有效地减少了私家汽车送小孩上学的数量。

54

帕拉藤幼儿园
学校到最近地铁站的直线距离为410米, 约4分钟步行距离。

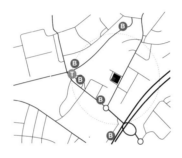

欧林澎学校
学校到最近地铁站的直线距离为250米, 约3分钟步行距离。

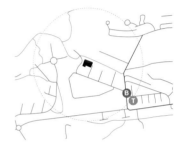

英斯图蒙泰特幼儿园
学校到最近地铁站的直线距离为350米, 约4分钟步行距离。

斯德哥尔摩蒙特梭利国际学校
学校到最近地铁站的直线距离为140米, 约2分钟步行距离。

沃颜幼儿园
学校到最近地铁站的直线距离为250米, 约3分钟步行距离。

皮皮马卡然幼儿园
学校到最近地铁站的直线距离为330米, 约4分钟步行距离。

 学校　　　路网结构

B 公车站　　　T 地铁站　　　学校到最近地铁站的半径距离

总结：学校与学校操场

以上八个案例的学习与分析，展现了幼儿园学校建筑与学校操场之间的相似性与差异性。这八个案例，尤其是特色性强的学校，都选址在公共交通站点的附近。另外，幼儿园的选址靠近主要办公区，如大型公司综合区和校园区，也是人们所期望的。因为受访者曾讲述，如果学校能离一方父母的工作地点近，也是相对便利的。人们普遍非常喜欢位于公园内的幼儿园，或是邻近趣玩性高的游乐场的幼儿园，无论永久性还是临时性。研究中受访的教育者们，认为独立、小规模的幼儿园对幼儿更有益。瑞典近年来，人口密度显著增长，为了经济效率更高，许多区市政局采用将幼儿园、小学，甚至初中合并的方式。这种概念似乎越来越流行。这一趋势积极与否，社会上的讨论和辩论持续激烈上演。一些家长认为，让孩子的整个幼儿园到中学阶段，一直保持在同样的校园环境中是有益的，因为那样孩子能更稳定地与熟悉的朋友和同学一起成长。

01号（国王岛开放式亲子幼儿园）和08号（皮皮马卡然幼儿园）案例，是历史最长、学校操场面积最大的（开放式）幼儿园。新建的幼儿园，由于可用土地变得稀贵，普遍来看它们的学校操场面积更小。所采用的缓解方式有：将幼儿园建在靠近社区公园和游乐场的区域，或者在邻近幼儿园的社区游乐场投入更多，以便与幼儿园分享场地。研究还发现，在幼儿园的建造过程中，人们对学校选址的兴趣高于对学校操场的兴趣。几位受访的专家表示，目前私立学校更倾向于启用改造后的已存建筑，而非新建建筑。这是因为在斯德哥尔摩，很少私人开发商有兴趣投资兴建幼儿园。对于私立运营的幼儿园，经济效益与时间是成正比的。他们改造一座建筑作为幼儿园比新建一座幼儿园，来得更快更实际，可以及时满足一些地区的幼儿园赤字问题。斯德哥尔摩市推荐的幼儿园师生比例是1个老师照看3至5名学生，幼儿园室内外空间的人均面积是10m²/学生。

幼儿园入口附近尽量避免机动车交通，优先采用人行道交通。瑞典社会鼓励儿童在成年人陪伴下，步行或骑自行车去上学。对于年纪小的幼儿，父母和监护人大多手推婴儿手徒步去上学。幼儿园的自然和人造采光同样重要，因为它们直接影响儿童的视力健康。同时幼儿园也需要避免光污染。这是因为幼儿对环境更为敏感，一些过度的日晒或光源形式对幼儿来说可能就是光污染。每个幼儿园都有特殊节假和庆典场合，因此校园空间的设计如果灵活性高，学校便有更好的条件组织这些活动。幼儿园的环境设计除了考虑满足儿童的需求，还需关怀老师、家长和相关成年人的需求。

游乐场与公园

"创意游乐场只能算一半的创意空间，另一半是创意的态度。我们改变态度的频率，就像我们改变空间一样。"

——杰伊·贝克卫斯 [22]

22.杰伊·贝克卫斯，是"现代游乐场的鼻祖"之一。参见www.playgroundprofessionals.com

2.3.2 游乐场和公园

本章节的八个案例,代表了斯德哥尔摩市最受欢迎的游乐场。它们分别来自斯德哥尔摩市的四个区,是2000年后建成或完成更新的,它们所处的公园和绿地则有更长的历史。这些游乐场不是主题性游乐园,但每个游乐场的设施、材料和环境背景,都反映出它们对玩耍的不同理念的诠释,别具特色。游乐场充分利用了它们的地理位置,并与周围环境相呼应,例如地形、水景、树林和当地故事等。据观察,本地儿童和成年人,使用他们所住地方附近的游乐场的频率是最高的。案例中游乐场由于其独特的趣味性、好品质和易到达等特点,吸引了许多住在较远社区的居民和访客。案例11和12的游乐场中,安排有人为组织的"公园乐玩"(Parklek)项目,并配有服务小屋。案例10和15配有便利店似的服务小屋。其他四个案例,没有配套的饮食和洗手间设施,只能依赖附近的邻里。值得一提的是,所有选择案例中的游乐场和公园,都维护有加,来访游客日益稳增。

简介:游乐场、公园和城市

游乐场和公园是市民日常生活中非常重要的公共场所,对有孩子的家庭尤为如此。斯德哥尔摩保留了充足的开放空间作为公园和绿地,和庞大的可达性高的城市公园网络。城市规划师和建筑师,根据各市区政府的重视程度,在城市规划过程中认真地考虑了不同社区中的游乐场分布。每个公园都有一部分土地用来做游乐场,这几乎已经成为一种传统,尽管各个游乐场受欢迎的程度有所不同。另外,社区内约有两种类型的游乐场:多个设施较少的居民区内游乐场;以400米为半径的玩乐设施多样的社区游乐场(《游乐场》,建筑师与建筑新闻23,1954年6月10日)。与十至十五年之前相比,最近斯德哥尔摩市高密化的城市发展趋势,游乐场的兴建数量在减少,但单个游乐场面积和设施在增加(马藤松,2010)。随着时间推移,游乐场和公园都自然而然有些变化。如今,一些私人公园转化为公共公园,公共公园中的游乐场面积有所扩大,公园和社区里的游乐场也得到了更新和升级。

人们之所以重视游乐场和公园的建设,是因为对健康生活方式的追求。尤其对于儿童和成年人,需要能在清新的空气中锻炼身体。很多研究人员还

23.建筑师与建筑新闻,The Architect and Building News,是英国建筑杂志期刊。

发现,玩耍对于儿童至关重要,这使得关于游乐场的研究非常火热。联合国《儿童权利公约》中第31条提到:儿童有玩耍的权利。原文如下:

"儿童有玩耍和放松的权利,他们有权参与一系列的文化、艺术和其他娱乐活动。" (联合国儿童基金会(UNICEF),1989年)

有观点指出第31条儿童权利保护法案,也是在实践中诠释最有难度的。这是由于人们对这条法案的不同理解方式和不同城市的现状条件。一些人批判以建设游乐场为诠释这条法案的方式,还有一些人对执行这条法案持怀疑态度。英国的无政府主义作家科林·沃德(Colin Ward)曾写道(1978年),儿童应该能够在所有地方自由轻松地玩耍,而不是仅被局限在"游乐场"或"公园"里才能玩耍。有学者进一步发扬了该论调,称游乐场是"对城市规划失败的默认"(弗里曼·传特,2011)。他们认为,规划者必须理解如何系统性地将城市和社区设计成满足儿童玩耍和参与的空间,这个观点是有道理的。的确,"游乐场"不应该是儿童唯一能感到自在的场所,我们更不能依赖于"游乐场"。

现实中,大多数城市都选择建设游乐场。在斯德哥尔摩受访的大多数家长表示,他们几乎每天都会带孩子去公园和游乐场。那里是他们在除了家和学校以外,花的时间最多的城市空间。主要原因是因为斯德哥尔摩城市拥有这些交通便利的游乐场和公园,可达性和可实现性高。儿童在玩耍中通过角色扮演和表演,锻炼了他们的肢体技能、想象力和表达能力。高品质的游乐场和公园会自然吸引儿童的注意力,激发儿童玩耍的欲望。家长和成年人也能享受到游乐场和公园带来的乐趣和闲适,他们可以轻松地在游乐场和公园与儿童互动。

除了家长以外,学校也会带儿童去游乐场和公园游玩。那里可以尽情放松,运动和组织多样的户外活动。在前面第一类案例的学习中,有一些幼儿园本身就坐落于游乐场和公园内,还有一些学校会专程去学校附近的游乐场和公园游玩。有时一些有特色的游乐场和城市公园,是斯德哥尔摩乃至其他城市的学校的定点远足目的地。也就是说,一些受欢迎程度高的游乐场和公园,可能在工作日迎来意想不到的访客群。这些都说明了为何斯德哥尔摩的游乐场和公园使用频率十分高。游乐场和公园的维护是必要行为,而不是可选行为。游乐场和公园维护的费用,是市政设施预算的一部分,是公民纳税的一部分。以下将对斯德哥尔摩八个最有魅力的儿童游乐场和公园进行学习。

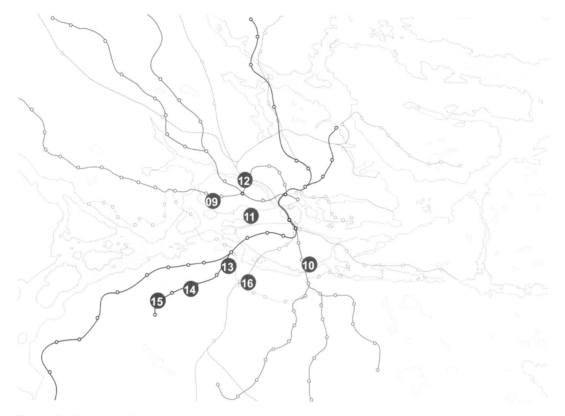

图2.10　游乐场和公园案例分布（底图为斯德哥尔摩轨道交通图）

09　莱克布什肯游乐场Lekboskén

10　布里加踏澎游乐场Bryggartäppan

11　罗兰姆荷夫公园游乐场Rålambshovs Parklek

12　瓦萨公园游乐场Vasaparkens Parklek

13　水果花园游乐场Fruktparken

14　鲁尔公园Lurparken

15　卢戈莱特公园Lugnetparken

16　布里克利克特冒险乐园Blockriket

表2.11 公园和游乐场基本信息

	公园与游乐场	时 间	地理位置	环境特征	级别
09	莱克布什肯游乐场	建于 2013 年	• 位于公园内 • 邻近小学和拟建的幼儿园 • 邻近公共交通站点	• 色彩鲜艳、动植物形态、手工制作游乐设施 • 木材为主要材料，钢铁为辅材 • 人工塑胶地面 • 幼儿活动区有栅栏 • 无卫生间和服务站 • 有座椅和垃圾回收箱	本地 / 城市
10	布里克踏彭游乐场	建于 2012 年	• 由原破败的城市庭院复新而成 • 位于受欢迎程度很高的市区中心 • 步行距离到公共交通站点	• 以文学故事为题材，因地制宜的儿童尺度手工定制设计游乐设施和场景 • 建筑材料回收再使用 • 自然泥土地面 • 较矮围墙和栅栏 • 有卫生间，有服务站，有"公园乐玩"项目 • 有座椅、餐桌和垃圾回收箱	本地 / 城市
11	罗兰姆荷夫公园游乐场	公园建于1950年，游乐场增建于2005年	• 位于市中心公园内 • 濒临水岸 • 步行距离到公共交通站点	• 品牌游乐设施综合件，儿童手工制作游乐设施 • 木材和钢材为主 • 自然泥土、砂石和水泥地面 • 有戏水池和开敞的活动绿地 • 无栅栏 • 有卫生间，有服务站，有"公园乐玩"项目 • 有座椅、烧烤箱、餐桌和垃圾回收箱	城市
12	瓦萨公园游乐场	公园建于 199 年，游乐场增建于2004—2006年	• 位于市中心公园内 • 邻近城市主要景区 • 步行距离到公共交通站点	• 品牌游乐设施组件，部分手工游乐设施 • 木材和钢材为主 • 彩色人工塑胶坡地地面、水泥地面 • 有戏水设施和开敞的活动绿地 • 无栅栏 • 有卫生间，有服务站，有"公园乐玩"项目 • 有座椅、烧烤箱、餐桌和垃圾回收箱	城市
13	水果花园游乐场	建于 1998 年，更新于 2014 年	• 位于公园内 • 邻近社区购物中心，包括儿童诊所等 • 离公共交通站点为可视距离	• 色彩鲜艳、水果形态、手工制作游乐设施 • 玻璃钢为主要材料，铝铁为辅材 • 人工塑胶地面混合砖石地面 • 无栅栏 • 无卫生间和服务站 • 有座椅和垃圾回收箱	本地 / 城市
14	鲁尔公园	更新 / 扩建于 2010 年	• 位于社区公园内 • 环绕着树林 • 步行距离到公共交通站点	• 激发好奇心的手工制作游乐设施，部分品牌游乐设施组件 • 钢铝为主要材料 • 自然泥土地面 • 无栅栏 • 无卫生间和服务站 • 有座椅和垃圾回收箱	本地
15	卢戈莱特公园	建于 2011 年	• 位于社区公园 / 绿地内 • 环绕着树林 • 步行距离到公共交通站点	• 品牌游乐设施组件和综合件 • 木材和钢材为主 • 自然泥土地面 • 有戏水设施和开敞的活动绿地 • 无栅栏 • 有卫生间，有服务站，有"公园乐玩"项目 • 有座椅、烧烤箱、餐桌和垃圾回收箱	本地
16	布里克利克特冒险乐园	建于 2009 年	• 位于山顶，有废弃的铁道穿过 • 在本地居民楼的后院绿地 • 距离公共交通站点有一定距离，不易识别和寻找	• 手工制作游乐设施组件和综合件 • 木材、石块为主，钢铝、镜面为辅 • 自然泥土地面 • 有树屋眺望台和动物木雕（与儿童共同设计） • 开敞的活动绿地 • 无栅栏 • 无卫生间和服务站 • 有座椅、餐桌和垃圾回收箱	本地 / 城市

莱克布什肯游乐场
LEKBOSKÉN
位于克里斯汀娜伯格皇宫公园内

布里克踏彭游乐场
BRYGGARTÄPPAN
位于南岛社区内

罗兰姆荷夫公园游乐场
RÅLAMBSHOVS PARKLEK
位于罗兰姆荷夫公园内

瓦萨公园游乐场
VASAPARKEN PARKLEK
位于瓦萨公园内

水果花园游乐场
FRUKTPARKEN
位于特拉堪藤公园内

鲁尔公园
LURPARKEN
位于泰拉芬普兰社区内

卢戈莱特公园
LUGNET PARKLEK
位于韦斯特托普公园内

布里克利克特冒险乐园
BLOCKRIKET
位于奥斯塔道社区内

61

莱克布什肯游乐场
LEKBOSKÉN

布里克踏彭游乐场
BRYGGARTÄPPAN

罗兰姆荷夫公园游乐场
RÅLAMBSHOVS PARKLEK

瓦萨公园游乐场
VASAPARKEN PARKLEK

水果花园游乐场
FRUKTPARKEN

鲁尔公园
LURPARKEN

卢戈莱特公园
LUGNET PARKLEK

布里克利克特冒险乐园
BLOCKRIKET

09 莱克布什肯游乐场
独特的游乐场增添社区价值与个性

我在父亲假期间，常带孩子来这个公园和游乐场。从我住的公寓过来很方便。天气好的时候，工作日下午或周末，这里人很多，孩子们玩得既激烈又开心。工作日上午时间一般人较少，也是我常来的时间段。那时孩子可以自己放松地玩耍，我可以坐下稍作休息。这两种感觉我都喜欢。

约翰，家长

选择在这个游乐场接受媒体采访的一位政客说："新的游乐场很能说明我们的政策和态度。我们党派重视学校和儿童游乐设施的建设。"这位政客后被选为该区的党派领袖（来源：www.stockholmdirekt.se）

阿维德，政客

我女儿告诉我莱克布什肯是她最喜欢的游乐场，她在这里遇到很多老朋友和新朋友，玩得十分开心。

艾玛，家长

莱克布什肯游乐园起点(六岁以上)

克里斯汀娜伯格皇宫公园起点

 克里斯汀娜伯格地铁站

有天，我带儿子到克里斯汀娜伯格看朋友。我们一出地铁站便看到一座公园，儿子立刻就跑了过去。他很惊喜地发现公园里有个游乐场。回家以后，我告诉妻子，我觉得克里斯汀娜伯格是个适合家庭居住的社区。

约书亚，家长

沃颜幼儿园操场幼儿园/莱克
布什肯游乐园 (一岁以上)

学校操场是莱克布什肯游乐场的一部分，在幼儿园开业前就已规划建成。我们的幼儿园虽是临时建筑，但在选址上，充分利用了公园和游乐场的优势。我们很庆幸能有这样的工作环境。

安娜，教师

据预测，这个地区在未来一段时间，住宅量将从7000上升到20000套，办公室将从15000上升到35000间。我们认为，为未来打好基础应该先保护公园和绿地，增建游乐场。我在这个项目中的任务是沟通与协调项目过程中的各方利益。选择做高品质游乐场的前期投资也较高，但若以长远为计，平均投资额并不是天文数字。品质决定一切。

岩斯，项目经理

莱克布什肯游乐园 (零岁以上)

肯游乐园 (三岁以上)

63

门对整个克里斯汀娜伯格皇宫园和周边绿地进行了分析和设
市政局后来告诉我们公园内建一座临时性和永久性的幼儿
我们提出的莱克布什肯游乐的设想，并邀请了一个创意型游乐场专业团队一起合作。在十过程中尽量协调与满足各方益。

沃莎，景观建筑师

门的挑战是需要想象力。这块与周围将来会建更多的住宅和商务综合楼群。

约纳斯，景观建筑师

克里斯汀娜伯格皇宫公园示意图

社区游乐场是儿童除家之外，玩耍频率最高的空间。建设高品质的游乐设施，是一项对现在与将来的投资。游乐空间的安全性是把双刃剑，它代表的是不同利益方的共同利益。及时或提前建设高品质游乐场，可以提升社区形象和土地价值。

10 布里加踏澎游乐场
因地制宜的游乐场让城市庭院重焕生机

布里加踏彭游乐场（日）

布里加踏彭游乐场（夜）

能够把这个被遗忘的城市庭园复新成儿童游乐场，我们感到很骄傲。我相信，它还会触动很多成年人，特别是每一个曾经在这样典型的瑞典小镇生活过的人，他们会在这个地方找到重趣和个人记忆。

肯尼斯，
政府官员

我们希望通过这个游乐场打开不同代际的人之间的对话。创作灵感来自作家佩·安德斯·佛格斯特洛姆的书《黑暗之心》。以孩子的尺度，重塑了一个17世纪的瑞典小镇。利用废弃老房子的材料搭建了这个游乐场。

马茨，设计师

我们意识到游乐园不仅仅是给孩子的，也是给成人的。在建造的过程中，很多人都关注着这个项目。有时人们会拿着一杯咖啡坐入，坐在阳光下读会儿书。有时有人会从郊区专门驱车前来，然后在园子里喂喂马。游乐场能做的真的远远超出我们的想象。

伊瓦尔，设计师

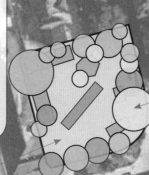

这个游乐场承载了太多我的回忆。

玛丽亚，本地居民

这也许是我去过的城市中里最有趣的游乐场。这里所有的东西都很好玩，轻松的气氛里有种童话世界的感觉。

英格丽，家长

我喜欢在这里玩扮家家，比如做杯咖啡，你要不要试试？

约瑟芬，儿童（三岁半）

65

建设充满想象力的游乐场，是解决城市区域老化问题的不二疗法之一。它可以刺激社区复新，普惠当地居民、城市公民和游客。"游乐场"不仅仅是激发儿童玩耍乐趣的出行目的地，也是城市生活和设计的理想缩影。成功的游乐场，既是优秀的公共空间，也是城市艺术。它还是不同代际的人们之间最有可能发生自然对话的理想场所。

11 罗兰姆荷夫公园游乐场
丰富多样的玩耍、运动和娱乐选择

"公园乐玩"之餐厅

"公园乐玩"之加油站

滑板乐园

旋转轮

综合攀爬设施

"公园乐玩"之脚踏车

"公园乐玩"之墙面木艺

戏水池

"公园乐玩"之回收站

开放空间之团队游戏

轮滑秋千

公园散步/日光浴/烧烤派对

雪莉，家长

这家公园里的"开放式亲子幼儿园"是我一直在推荐给朋友们的。不仅是因为学校好，其周围的游乐场和公园十分适合大人与小孩。这个园子总是有不同年龄的孩子这里玩耍，这样的环境促进孩子之间的交流和成长。

约翰娜，"公园游乐"项目经理

我们在"公园乐玩"工作坊中和孩子一起做手工木艺，强调独立作业和团队协作。孩子的创意和能力常常让我们惊喜。公园里的一些游乐设施都是孩子们自己制作的。

布里特，建筑师

公园首建于20世纪50年代，功能上是一座运动型现代公园，有草坪、露天剧院、游戏和体育运动等。现在的改造是为了使公园增添更多游乐设施。（节选自2010年3月瑞典日报上的文章，当时正在加建滑板乐园）。

"公园乐玩"让孩子在这个游乐园还体验到创意乐玩的趣味。服务小屋提供简单零食、咖啡和洗手间，非常实用。

凯利，家长

游乐场从40年代到70年代，再到2000年和2010年都发生不同变化和发展，每一次的成长都给这座公园新的历史图层。公园主要功能是休闲和体育运动。"公园乐玩"项目的驻入，为公园更添生机。

布里特，市公园部门主任

我们的学校在市外的群岛上。我们每个学期都会带学生来坐车出游斯德哥尔摩，特别是来这个游乐场。它是我最喜欢的游乐场，它够大，游乐设施也相当丰富，能容纳我们的学生。

莉娜，小学校长

我妈妈从那个小木屋那儿给我和我的小伙伴买了冰激淋，我们可乐了！

迈尔斯，儿童（四岁半）

城市中的公园和游乐场是城市人的社交和休闲枢纽。人们寻找理想出行的游乐场时，最关心的是游乐场的活动多样性、丰富性和场地面积。公园中如果包含有游乐场，往往备受欢迎。有服务中心的公园，可以增进公园和游乐场的维护。像"公园乐玩"（parklek）一类由成人组织的儿童活动，有益于公园和游乐场的维护。交通便捷的游乐场和公园，会迎来更广阔范围的访客。

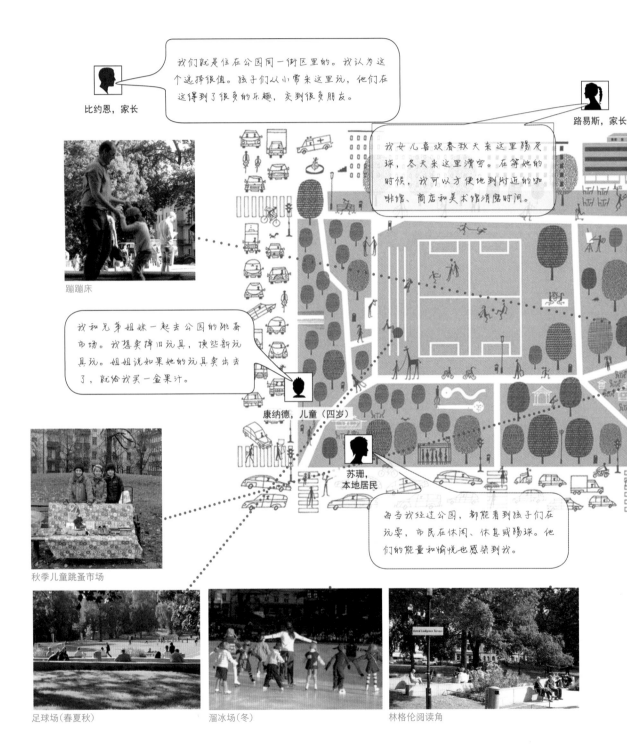

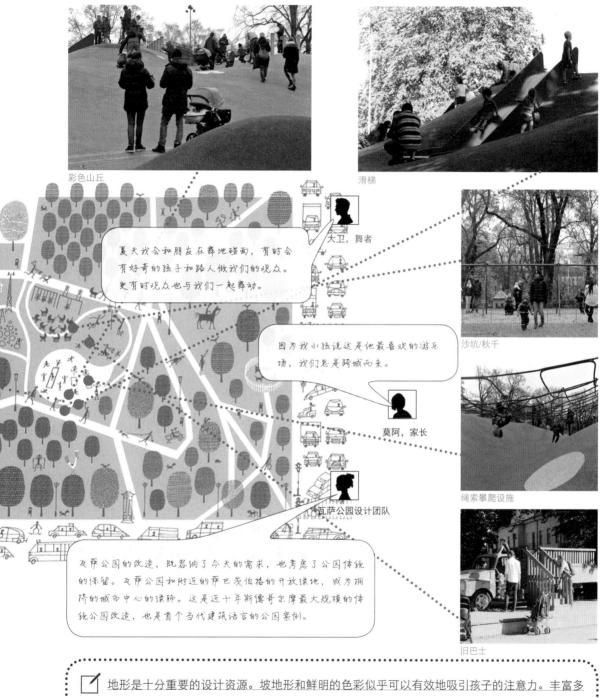

彩色山丘

滑梯

大卫，舞者

夏天我们会和朋友在舞池碰面，有时会有好奇的孩子和路人做我们的观众。更有时观众也与我们一起舞动。

沙坑/秋千

因为我小孩说这是他最喜欢的游乐场，我们总是跨城而来。

莫阿，家长

绳索攀爬设施

瓦萨公园设计团队

瓦萨公园的改造，既容纳了今天的需求，也考虑了公园传统的保留。瓦萨公园和附近的萨巴茨伯格的开放绿地，成为拥挤的城市中心的绿肺。这是近十年斯德哥尔摩最大规模的传统公园改造，也是首个当代建筑语言的公园案例。

旧巴士

地形是十分重要的设计资源。坡地形和鲜明的色彩似乎可以有效地吸引孩子的注意力。丰富多样的玩要设施和社交空间，增添更多游乐场的欢乐体验。市中心的高品质游乐场和公园，不仅能吸引到很多本地居民，还有国内和国际的游客。维护和管理不可或缺。儿童和成人似乎更能在游乐场和公园里观察和理解城市生活。

13 水果花园游乐场
实用艺术：雕像游乐场

金橙跷跷板

凤梨华亭

香蕉床滑梯

地铁附近的游乐场和公园易于识别和使用。在购物中心、（儿童）诊所或社区中心等地附近安排游乐场，十分实用。因为家庭时常会一起去这些场所。有创意与趣玩设施的公共空间，能吸引儿童和成人的参与。手工制作的艺术玩件，能带来更深刻的独特体验和回忆。

14 鲁尔公园
就地取材的创意游乐场

鲁尔公园(夏)

鲁尔公园/小汽车速滑道(夏)

鲁尔公园(冬)

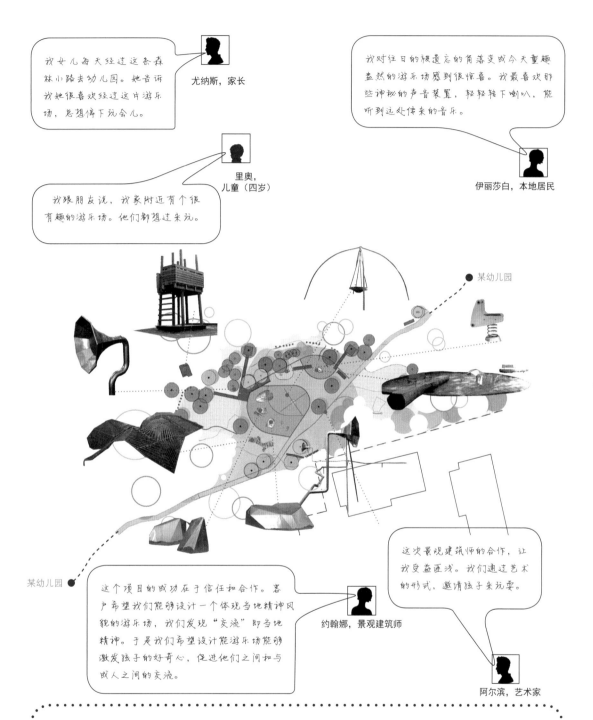

我女儿每天经过这条森林小路去幼儿园。她告诉我她很喜欢经过这片游乐场，总想停下玩会儿。

尤纳斯，家长

我对往日的被遗忘的角落变成今天重焕盎然的游乐场感到很惊喜。我最喜欢那些神秘的声音装置，轻轻转下喇叭，能听到远处传来的音乐。

伊丽莎白，本地居民

里奥，儿童（四岁）

我跟朋友说，我家附近有个很有趣的游乐场。他们都想过来玩。

某幼儿园

73

某幼儿园

这个项目的成功在于信任和合作。客户希望我们能够设计一个体现当地精神风貌的游乐场，我们发现"交流"即当地精神。于是我们希望设计能游乐场能够激发孩子的好奇心，促进他们之间和与成人之间的交流。

约翰娜，景观建筑师

这次景观建筑师的合作，让我受益匪浅。我们通过艺术的形式，邀请孩子来玩耍。

阿尔滨，艺术家

创造交流的条件，是设计儿童与成人互动空间的核心思想。标准化的游乐设施不是唯一的设计方式。理解了儿童的空间感知和喜好，可以用艺术和工艺的形式设计游乐空间。当生动有趣的游乐场复新了城市的遗忘角落时，受益的不仅是儿童与成人，还有社区的身份认同。

74

滑梯综合设施（早期建成）

树屋攀爬综合设施（近期建成）

在这个公园我们可以找到多种多样的游乐设施，有服务小屋和洗手间，甚至还有游泳池。开阔的自然绿地，孩子有很多空间可以奔跑，骑车，玩球，或者烧烤和野餐。

提姆，家长

露易丝，儿童（五岁）

夏天里，我每天都想来这里的游泳池玩水。

我的朋友很擅长爬绳子。我也想像他们那样，所以我现在练习。

凯文，儿童（三岁半）

皮特，公园工程师

因为公园有游泳池，夏天里会吸引很多孩子和成人。人工草坪足球场，常常有球赛和练习。服务小屋和员工，为访客提高便利且有效地保持公园的整洁度。这些条件使得卢戈莱特公园成为本区最受欢迎的公园。

卢戈莱特公园游乐场总平面图

大卫，自由职业设计师

午餐时间，我有时会从从办公室散步来这个公园，然后在附近吃点东西。我发现公园散步，让人放松，清醒头脑，提高工作效率。

百合，家长

我经常推着婴儿车到公园散步和见朋友，让孩子们一起玩耍。自然中有许多等他们去探索和玩耍。

克里斯汀娜，建筑师

我们的设计愿景是增强游乐场的包容性，让残疾儿童和成人都能在这里找到属于他们的空间和乐趣。

人们青睐自然，公园、游乐场和闲暇的公共空间。几乎所有孩子，无论年龄，都喜爱带有游泳池、足球场、溜冰场和攀爬绳锁的游乐场和公园。开阔绿地上的游乐场，辅以精心挑选的游乐设施、游戏和服务，可以满足不同家庭不同人群的需求和期待。

16 布洛克利克特冒险乐园
回到自然

木方桥廊

原木攀爬

镜林迷宫

皮特，家长

当我们走到路的尽头和山顶上，找到这个游乐场时，实在太兴奋了。后来觉得在路上花的时间都是值得的。

我们去看孙子孙女，晚饭后，他们说要带我们一起去屋后的公园玩，还说那个公园与众不同。我跟着他们在木雕塑塔爬上爬下，特别兴奋。

莉娜，外婆

Ledande element

设计过程中，我们组织了工作坊，让孩子们画出他们认为这篇森林里可能会有的动物。后来公园里的木雕就是从孩子所画的角色演变而来。

Utsiktstorn

Blandskog med ung och äldre vegetation

Berg i dagen

Klätterställning

Sandlek

布里特，
景观建筑师

Speglar

Spång

Entré

Klätterrep

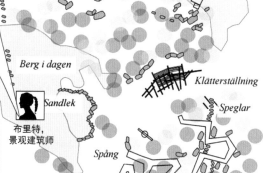

布洛克利克特冒险乐园总平面图

因为公园在林子里，所以人工采光特别重要，特别是在冬天。

艾瑞克，家长

我认为这是斯城最有意思的游乐场！

弗瑞雷德里克，家长

我找到了一个绝佳的玩迷藏的地方，就在树和石头后面。当我的朋友找不到我时，我会像马儿一样唱歌，给他们点线索。

古斯塔夫，
儿童（九岁）

景观和场地条件是游乐场的基底素质。儿童大多喜欢小山坡、树林、石子、木桩等自然材料。与儿童一起设计的游乐场，会让儿童有更多的参与感和乐趣，形式更深的记忆。对地形和景观条件的仔细学习，是做好冒险乐园设计的必要预备功课。成人对冒险游戏的态度，决定了儿童对冒险乐园的使用方式。

图表2.11 公园和游乐场的总平面图

这张图表罗列了案例学习的公园和游乐场的平面布局。在自然公园里建造人工游乐场的做法十分常见。儿童需要多样的玩耍和活动方式，这需要有创意的场地空间(马藤松，2011)。所选案例中的游乐场大多位于公园和绿地的一角，与当地主干道或区域入口相邻。唯一的例外是布洛克利克特冒险游乐园(Blockriket)，这个公园隐藏在山坡上的森林中。游乐场的尺度规模取决于周围土地条件、地形状况和市政当局的重视程度。上述案例中，游乐场的面积大约占公园面积的10%-25%。布里加踏澎游乐场(Bryggartäppan)是从一个被人遗忘的城市庭园复新为广受市民喜爱的游乐场。由于原来的城市庭园处于密集的市区住宅楼中，改造后的游乐场仍沿用了原来的交通，即游乐场护栏外是单行机动车道。它旁边相邻着更大的社区公园。

78

莱克布什肯游乐场
(Lekboskén)
局部有栅栏，在克里斯汀娜皇宫
公园内部

布 里 加 踏 彭 游 乐 场
(Bryggartäppan)
有栅栏，在南岛社区内部

罗兰姆荷夫公园游乐场
(Rålambshovs Parklek)
在罗兰姆荷夫公园内部

瓦萨公园游乐场
(Vasaparkens Parklek)
在瓦萨公园内部

水果花园游乐场
(Fruktlekparken)
在特兰堪斯公园内部

鲁尔公园
(Lurparken)
在社区树林绿地内部

卢戈赖莱特公园
(Lugnet Parklek)
在韦斯特托普公园内部

布洛克利克特冒险岛
(Blockriket)
奥西塔社区树林内部

 公园　 游乐场　有栅栏的游乐场

图表2.12 公园和游乐场与城市绿地的关系

公园和游乐场的选址固然会考虑到充分利用周围的自然环境。在所有相关因素中，"似乎每当人们有自由选择的机会，他们都会到有树有水的开阔高地上，俯瞰流水。"（艾德华•威尔森[24]）本章节所选的八个案例中，有六个靠近水岸。另外两个社区公园和游乐场位于森林之中。实际上，由于斯德哥尔摩的地形特点和自然保护，几乎所有社区内都有流水和绿阴，城市的蓝与绿，无处不在。案例中的公园和游乐场设计，表现出对地形景观的尊重和设计智慧。

24.艾德华•威尔森，E.O.Wilson，是一位美国昆虫学家和生物学家。他因对生态学、演化论和社会生物学的研究而闻名世界。

莱克布什肯游乐场
（Lekboskén）

布里克踏彭游乐场
（Bryggartäppan）

罗兰姆荷夫公园游乐场
（Rålambshovs Parklek）

瓦萨公园游乐场
（Vasaparkens Parklek）

水果花园游乐场
(Fruktlekparken)

鲁尔公园
(Lurparken)

卢戈赖莱特公园
(Lugnet Parklek)

布洛克利克特冒险岛
(Blockriket)

公园　　游乐场　　有栅栏的游乐场

湖海　　开放绿地/树林

图表2.13 公共公园、游乐场和公共交通的关系

八个公园和游乐场案例中,绝大多数都靠近公共交通站点。其中,莱克布什肯游乐场(Lekboskén)和水果花园游乐场(Fruktlekparken)就在地铁站外一分钟距离内,走出地铁站便能看到。布洛克利克特冒险乐园(Blockriket)是唯一离公共交通站点有一定距离的,但是它就在当地居民区的后院。如果是其他市区的居民前往,便要踏上一段"冒险之旅"。另外,在公园和游乐场附近也有公交站点。

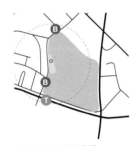

莱克布什肯游乐场

到最近公交车站的直线距离为170米,约2分钟步行距离。

布里克踏彭游乐场

到最近公交车站的直线距离为280米,约3分钟步行距离。

罗兰姆荷夫公园游乐场

到最近公交车站的直线距离为540米,约6分钟步行距离。

瓦萨公园游乐场

到最近公交车站的直线距离为220米,约2分钟步行距离。

水果花园游乐场

到最近公交车站的直线距离为60米,约1分钟步行距离。

鲁尔公园

到最近公交车站的直线距离为375米,约4分钟步行距离。

卢戈莱特公园

到最近公交车站的直线距离为240米,约3分钟步行距离。

布洛克利克特冒险乐园

到最近公交车站的直线距离为600米,约6分钟步行距离。

 公园　　 游乐场　　有栅栏的游乐场　　 路网结构

B 公车站　　**T** 地铁站　　游乐场到最近地铁站的半径距离

80

总结：游乐场和公园

上文研究的八个案例都是在近十年建成或完成更新的。有部分游乐场所在的公园可追溯到20世纪50年代。这个时间段与前面第一类幼儿园建筑的建成时间相重合，它反映出满足儿童需求的建成环境的基本需求和必然需求条件。案例中的公园和游乐场，都位于市中心和开阔的社区空间，靠近公共交通站点，周边自然环境优美。每个公园和游乐场，都是在仔细研究了当地环境和地形特点之后，进行有创意的设计。社区公园和游乐场通常比城市公园和游乐场的面积小，但有些社区公园和游乐场极具特色，功能上和城市级别基本无异。特别在周末和节假日，这些公园和游乐场吸引了大量的家庭和儿童到访。

在斯德哥尔摩，游乐场的历史变迁，经历了从商品化标准件游乐设施，到个性化手工艺游乐器械的发展。后者通常需要通过政府、规划师、景观建筑师、艺术家和手工艺人的齐心合作。这种方式并不一定会增加成本，却大大地增强了游乐场的品质和独特性，以及社区的身份认同。常规的瑞典游乐场中会包括有沙坑、秋千、滑梯和攀爬装置等。一些游乐场还有水景、石块、灌木、树林和可移动的材料，这些材料非常能激发儿童的想象力与创造力。另外，"公园乐玩"（parklek）项目（在瓦萨公园和罗兰姆荷夫公园中都有此项目，它是大人组织的与孩子一起玩耍的活动）给公园和游乐场增添了额外的亲和魅力和冒险乐趣。八个游乐场中，两个有围栏：一个是在幼儿（0-3岁）游乐区设有围栏，另一个是因为顺用了原来城市庭园的地理位置和四周的居民区单行机动车道，仅在游乐场外围增加了趣味感很强的围栏。在安全方面，案例中的游乐场地面和落地区域，都铺上了自然沙土和人工减震塑胶材料。游乐场中选配的绿植，注意了避免招惹蜜蜂蚊虫的植物和过敏性、有毒性植物。

"有吸引力的游乐场将会变成社交中心"（洛吉，1954）。儿童不是游乐场的唯一用户，陪伴儿童的家长和成年人也是游乐场的用户。大多数家长在儿童玩耍的时候，在一旁照看或拍照，但有时儿童也会邀请家长和成人一起参与游戏。案例中的游乐场都配有坐椅和长凳，有一些配有提供小吃、饮料和咖啡服务小屋。有服务小屋的游乐场，通常配有免费的洗手间。所有案例的管理和维护都十分优秀。

2.4 其它案例缩影

　　这部分包括2.2章中列举的另外四种类型的空间和场所, 即C-『公共交通』, D-『以儿童为中心的建筑』, E-『家庭友好型公共空间与场所』和F-『公共医疗』。在儿童和成人的日常生活中, 他们常会访问多个公共空间和场所。社会生活最能为儿童提供生动的活动、学习和社交的机会, 因此城市的公共空间与场所是儿童学习社会和生活的最佳契机。在快影收集里, 列举了一系列斯德哥尔摩的儿童活动场所, 包括免费的公共空间和商业场所等(见下页)。

　　通过记录这些不同儿童活动空间的案例, 我们发现, 作为福利国家首都的斯德哥尔摩, 有大量的免费为儿童和家庭开放的公共空间和场所。

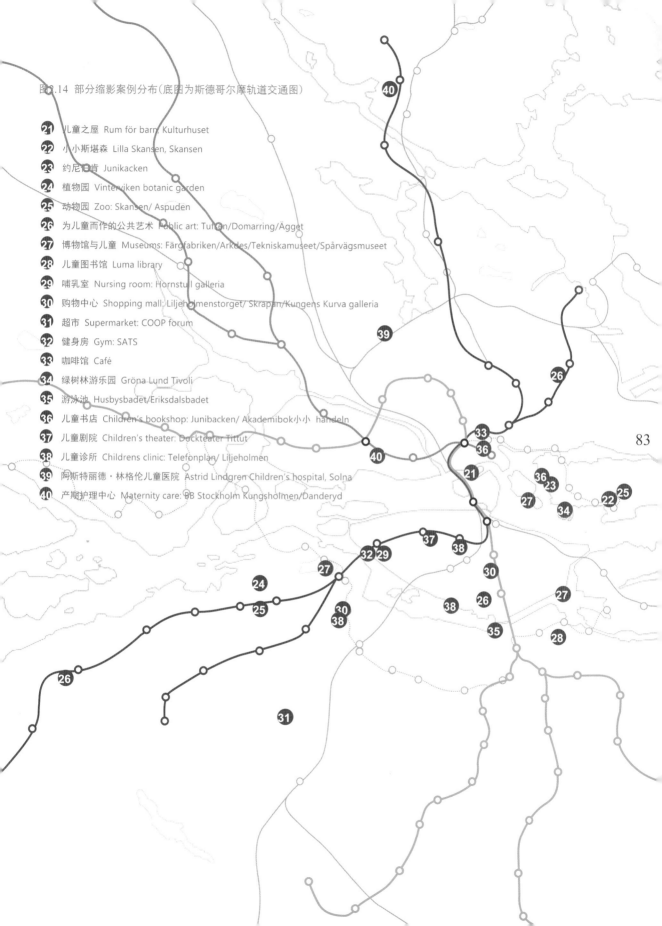

图2.14 部分缩影案例分布(底图为斯德哥尔摩轨道交通图)

㉑ 儿童之屋 Rum för barn, Kulturhuset
㉒ 小小斯堪森 Lilla Skansen, Skansen
㉓ 约尼巴肯 Junikacken
㉔ 植物园 Vinterviken botanic garden
㉕ 动物园 Zoo: Skansen/ Aspuden
㉖ 为儿童而作的公共艺术 Public art: Tuffan/Domarring/Ägget
㉗ 博物馆与儿童 Museums: Färgfabriken/Arkdes/Tekniskamuseet/Spårvägsmuseet
㉘ 儿童图书馆 Luma library
㉙ 哺乳室 Nursing room: Hornstull galleria
㉚ 购物中心 Shopping mall: Liljeholmenstorget/ Skrapan/Kungens Kurva galleria
㉛ 超市 Supermarket: COOP forum
㉜ 健身房 Gym: SATS
㉝ 咖啡馆 Café
㉞ 绿树林游乐园 Gröna Lund Tivoli
㉟ 游泳池 Husbysbadet/Eriksdalsbadet
㊱ 儿童书店 Children's bookshop: Junibacken/ Akademibok小小 handeln
㊲ 儿童剧院 Children's theater: Dockteater Tittut
㊳ 儿童诊所 Childrens clinic: Telefonplan/ Liljeholmen
㊴ 阿斯特丽德·林格伦儿童医院 Astrid Lindgren Children's hospital, Solna
㊵ 产期护理中心 Maternity care: BB Stockholm Kungsholmen/Danderyd

83

公共交通

"实际生活中，孩子真能学到的，是从城市街边的普通人那里看到的。成功的城市生活第一课：人们必须对彼此承担些社会责任，即使他们之间或许根本没有交集。这是不会有人告诉你的人生智慧。只有当你从那些和你没有血缘关系，非亲密朋友或责任关系的他人那里，感到他们对你负责的时候，便学会了。"

—— 简·雅各布斯[25] *(Jane Jacobs)*

25.简·雅各布斯, 是一位美国裔的加拿大记者、作家和活动家。她因成功地主持了保护纽约西村的社区活动而闻名。她的经典著作《美国大城市的生与死》(1961年),是每个城市学者和实践者的必读书目。

2.4.1 公共交通

运动被认为是影响儿童身心健康和发展最重要的因素。这是因为,运动可以帮助儿童认识周围的环境,为他们理解并构建心中的地图打下基础(比约克利德,诺德斯特姆,2004—2007)。有研究显示,与他们的父母相比,如今孩子的独立出行能力大幅下降(比约克利德,2003)。这背后既有城市环境的原因,也有父母的态度和限制等因素。汽车流量的稳步增加,"陌生人危险现象",父母的生活方式和儿童的生活环境,是儿童运动力下降最主要的影响要素。

公共交通系统在本研究聚焦的年龄段儿童的日常生活中,扮演了很重要的角色。当儿童和成人选择乘坐公共交通,从一处到另一处参加活动时,公共交通的便捷性、可达性和舒适度,关键性地影响着儿童和成人的城市体验。本章节选择了以下四个层面的公共交通案例。

17 街道
植埋于城市中的互动渠道

推荐儿童与家长步行道：安全与动感

推荐儿童与家长步行道交通标识（立面）

推荐儿童与家长步行道交通标识（地面）

安全提醒交通标识：前方有儿童游乐区

水滨步行道：艺术介入

过马路安全提示箱

公车站语音提示互动（儿童可触摸高度）

学校区交通限速地面提示（30码）

公车侧斜泊齐于站台地面，带婴儿车的家长直接从中门
上车无需到前门检票（社会自觉遵守的秩序）

公车中门开启按钮（专为带婴儿车的家长和儿童）

学生远足与老师一起搭乘公交，坐在靠近中门的"优先座位"区

婴儿车停放在公车内"优先座位"区（一辆公车最多可容纳三辆
标准尺寸婴儿车并排放）

19 地铁/火车
许多孩子眼中的现代奇迹

地铁入口处的"绿色通道"（婴儿车、家长携儿童、成人携宠物、老弱病残专用通道）

地铁内通往站台的坡道与界面

婴儿车可平稳推入地铁车厢(无高差)

地铁/轻轨车厢上的开门按钮(儿童可触摸高度)

婴儿车可走地铁站内直升电梯

部分家长/成人会将婴儿车放在地铁站内手扶电梯上下
(尽管手扶电梯提示牌显示不支持婴儿车使用)

童话故事主题的机场儿童游乐区（脱鞋后入内）

机场儿童游乐区外围有围护结构/半封闭空间
（配有机场专用儿童手推车）

以儿童为中心的建筑

"孩子的心智是我们最伟大的自然资源。"
—— 沃尔特·伊利亚斯·迪斯尼 [26] *(Walter Elias Disney)*

26.沃尔特·伊利亚斯·迪斯尼,是一位美国漫画家、动画师和企业家。他头衔众多,他创新性的动画与主题公园设计遍布全球,广受儿童和成人喜爱。

2.4.2 以儿童为中心的建筑

　　以儿童为中心的建筑,指专为儿童需求与兴趣而设计的空间场所。换言之,这些空间与场地的主要使用者是儿童,它们的设计和建造是为儿童而量身定制。在前面2.3.2章节中探讨的游乐场,可以看作是一种类型的儿童为中心建筑,以下的案例将关注于儿童为中心的建筑的其他类型。包括有儿童图书馆、儿童博物馆、儿童与青少年文化中心,以及动物园等。以下选择的案例,都是整幢建筑空间全部以儿童为主体而设计的,而不是有一类建筑中的局部专为儿童和家庭而设计的空间。这类空间不同于后面2.4.2章节介绍的家庭友好型公共空间与场所。

　　儿童为中心的建筑采用和反映的是儿童的空间尺度和喜好。这类场所,一般都伴随有其他配套服务、公共管理和维护。所以,它们几乎不会是免费的。选择案例如下。

21 儿童之屋
城市智慧与决心的宣言

儿童图书馆综合区(脱鞋后入内)

餐饮休息区/婴幼儿更换间/卫生间

儿童图书馆阅览与游戏区

从室外可见建筑玻璃立面
上设有"交通信号灯"以示儿
童之屋的人流量状况

红色 = 满员

黄色 = 较拥挤,需等待

绿色 = 无需等待

市中心文化宫(Kulturhuset)大楼的第四层为"儿童之屋"

临时性展览区（字母主题）

儿童阅览空间（TioTretton）

"儿童之屋"入口外等待区的游乐空间（需脱鞋使用）

走廊内游乐与休闲设施

可玩雕塑

婴儿车停放区

户外烧烤区/餐饮区

户外游乐场

休息椅

趣玩暗道(儿童与成人互动)

96

皮皮之家(Villa Villekulla)

前院钓鱼池

六月坡儿童乐园主入口(Junibacken)

故事会广场 (sagotorget)

儿童书店

心系儿童的收银台设计

小火车之旅等待区 (sagotåget)

儿童剧院

童话餐厅

家庭友好型公共空间与场所

"所有活动都是在大人们日常生活的眼皮底下进行的。孩子总是在玩耍中活动。""的确,孩子们玩耍中有时也会主动邀请在场的大人们。"

——亨利·伦纳德[27],苏珊·克劳赫斯特·伦纳德[28]

(Henry L. Lennard,Suzanne H. Crowhurst Lennard)

27.亨利•伦纳德,是加州大学旧金山分校医学院和美国及欧洲若干大学的心理学和社会学教授,他在加州大学建立了家庭学习站和毒品及社会行为研究中心,多次获国家级荣誉。

28.苏珊•克劳赫斯特•伦纳德,于1985年创办了国际宜居城市大会,她在美国和欧洲几所顶尖大学担任教授,多次荣获国际大奖。她是美国、加拿大和欧洲长期聘用的公共空间设计咨询顾问。

2.4.3 家庭友好型公共空间与场所

斯德哥尔摩市有多种多样的儿童与家庭友好型公共空间与场所，它们分散在儿童和家庭的日常生活常去的地方。从植物园到动物园，从超市、购物中心、咖啡馆、游泳池、健身房到剧院等，孩子从小和父母、祖父母等成人的生活紧密联系在一起，他们可以一道体验多样的城市生活，一同去往多元的社交空间与活动场所。在瑞典的商业场所，也有专为儿童而设计的空间，许多这样的空间都是免费开放的。

这个章节里收录了城市里免费开放的，针对6岁以下儿童的公共空间与场所，包括了室内与室外活动空间：

24. 植物园：学习自然

25. 动物园：了解并关爱野生动物

26. 为儿童而作的公共艺术：邀请儿童玩耍与学习

27. 博物馆与儿童：互动的展示语言无形地拓展了儿童的视野

28. 儿童图书馆：鲜明的儿童建筑语言方式

29. 哺乳室：一项热情的传统

30. 购物中心：邀请式空间语言

31. 超市：增添更多日常家庭生活乐趣

32. 健身房：乐趣无年龄

33. 咖啡馆：父母与孩子的时尚社交俱乐部

34 绿树林游乐园：老少皆爱

35. 游泳池：乐趣出行，健康生活

36. 儿童书店：有互动的阅览空间更有亲和力

37. 儿童剧院：故事和戏剧兴趣的早期培养

城市出租花园夏日池塘(Vinterviken)

城市出租花园夏日漫游(Vinterviken)

斯堪森城市动物园 (Skansen)

斯堪森城市动物园儿童区 (Lilla Skansen)

社区动物园(Aspuden)

可玩雕塑「图富森」(Tufsen)

可玩雕塑「杜马林」(Domarring)

可玩雕塑「艾格特」(Ägget)

与儿童一起设计的展览(临时性),"彩色工厂"艺术中心(Färfabriken)

与儿童一起设计的展览(临时性),建筑博物馆(Arkitektur Museet)

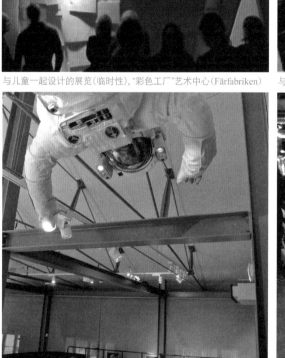

受儿童与家长亲睐的科技馆展览(永久性),
科技博物馆(Tekniska Museet)

受儿童亲睐的博物馆火车之旅(永久性),
火车博物馆(Spårvägsmuseet)

社区图书馆儿童阅览区

社区图书馆儿童阅览区入口

社区图书馆儿童阅览区婴儿车停放区

社区图书馆儿童阅览区独立工作间

社区图书馆儿童阅览区艺术工作室

购物中心哺乳与休息区（免费）

购物中心哺乳与休息区（儿童游戏区/免费）

购物中心哺乳与休息区（婴幼儿换洗台/免费）

30 购物中心
邀请式空间语言

购物中心儿童游乐区（免费）

购物中心玩具店外儿童游乐区（免费）

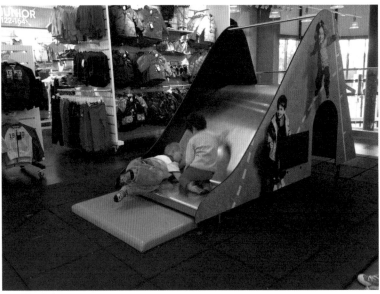

专卖店内儿童游乐区（免费）

超市内儿童购物车

入口处的儿童趣味通道

超市内儿童互动游戏

超市内消费期间为儿童提供免费香蕉(木桶内的落单香蕉)

超市内儿童互动界面(投影)

超市内儿童互动界面(游戏问答)

超市外彩色地面高亮人行步道

32 健身房
乐趣无年龄

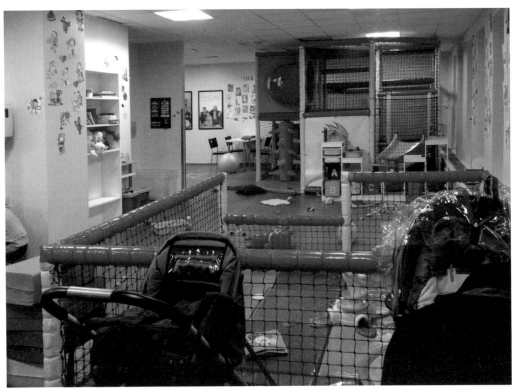

社区健身房儿童游乐区/运动（父母是会员，在运动期间可将孩子托健身房看护，免费）

社区健身房儿童游乐区/休息、作业或儿童电视（父母是会员，在运动期间可将孩子托
健身房看护，免费）

某餐厅儿童用餐与游乐区

产假中的父母常推着婴儿车去咖啡馆会朋友（包容性环境设计）

34 绿树林游乐园[29]
老少皆爱

老爷车花园

旋转木马

休憩空间

以童话故事《皮特森和芬杜斯的世界》设计的剧情场景

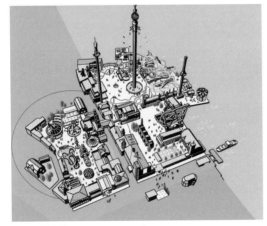

绿树丛游乐园 (Gröna Lund Tivoli)
示意图/红圈内是较小儿童游乐区

29. 绿树林游乐园, 瑞典名Gröna Lund
Tivoli。位于斯德哥尔摩市中心的绿
岛上。

社区游泳池儿童区

市游泳俱乐部(配有儿童游乐设施)

社区居民楼底层改造的家庭游泳中心

游泳中心的宝宝游泳健身项目(babysim,颇受家长欢迎的产假期亲子项目)

36 儿童书店
有互动的阅览空间更有亲和力

儿童书店的陈设

儿童书店的阅览区

儿童书店的游乐表演区（儿童故事情境模拟）

儿童皮影剧（恩布拉——在宇宙中心的女孩, Embla——en flicka mitt i kosmos）

媞图特儿童剧院(Tittut, 瑞典最老儿童剧院)，位于社区内居民楼底层

公园儿童剧院（夏季）

公共医疗

"我相信想象力比知识更强大。神话比历史更有力量。梦想比事实更有能量。希望总能战胜生活。微笑是悲伤唯一的解药。我相信爱比死亡更强大。"

—— 罗伯特·富尔格姆 [30] *(Robert Fulghum)*

30.罗伯特·富尔格姆, 美国作家, 他因1988年出版的第一部作品集《受用一生的信条》(*All I Really Need to Know I Learned in Kindergarten*)而闻名世界。

2.4.4 公共医疗

　　每个家庭和儿童的"第一天",从公共医疗开始。公共医疗建筑环境的设计和应用,集合了大量的跨学科知识与经验,包括医疗手段和措施在内。对于儿童、成人、医疗专业人士和医院访客而言,医院环境,包括物理环境和人文环境,对他们的医疗体验有着深远的影响。

　　本章节选取了三个与幼儿/母婴相关的医疗部门,这些案例在瑞典是免费为儿童和母亲提供医疗服务的。案例中可见一些类似的设计手法,如儿童阅读区、玩耍区和艺术介入等。医院环境因此更生动有趣,同时带来一份难得的轻松感受。

38 儿童诊所
儿童第一眼看到的玩具

社区诊所等待区（配有儿童玩具）　　专家私医诊所等待区（配有儿童游乐区）

市医院儿科等待区（配有儿童游乐区）

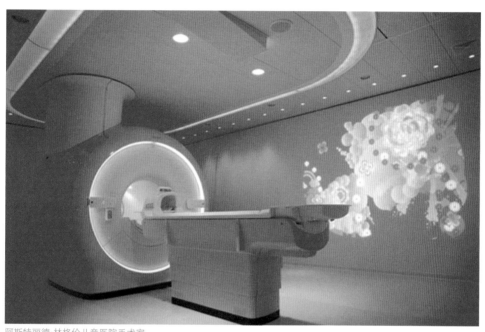

阿斯特丽德·林格伦儿童医院手术室

阿斯特丽德·林格伦儿童医院儿童图书馆

阿斯特丽德·林格伦儿童医院游泳池

阿斯特丽德·林格伦儿童医院走廊小广场

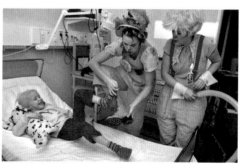

小丑剧团访问医院癌症儿童

社区母婴中心等待区（色彩与立面）

社区母婴中心等待区（屋顶与墙立面艺术装置

2.5 讨论

城市规划过程中的儿童参与

联合国儿童权利委员会鼓励所有《儿童权利公约》的签署国在涉及儿童的所有决策上进行儿童影响分析(努德斯特伦·比约克, 2007)。儿童在城市规划过程中的参与,对于城市当局和规划人员有着宝贵的价值,同时这些经历也有益于儿童自身的成长。一方面,这样做可以善意地提醒成人,在工作中需要切实地考虑儿童的需求,创造条件让成人与儿童直面交流,倾听儿童并向儿童学习。另一方面,对于儿童而言,能够获得参与规划与成年人共同生活的城市的机会,这种体验和过程本身,可以培养和激励他们的市民意识和对身边环境的参与意识。

目前,一些研究和出版物探讨了如何解码儿童的空间体验(塞勒, 2006;莫特森, 2004;哈特, 1992)。这些知识好比城市设计的工具,使得在城市规划和设计的过程中的儿童参与变得可能。在实践案例中,曾有瑞典交通管理局、瑞典国家住房建筑规划委员会和市政当局的协同项目,实现了儿童在交通与城市规划中的参与。他们的经验和方法在瑞典社会广泛流传(拉森,2014)。另外,在瑞典国内约有十个城市设立了"儿童策略师",他们的职责是确保儿童的意见在城市发展中得到聆听。尽管关于这个做法究竟是否带来了足够的社会影响还待讨论,但是这一职位的设立本身,就是社会创新与进步的重要一步。

城市即游乐场

现代主义城市规划,强调赋予每个空间和场所一个特定的功能。根据这个逻辑,游乐场的规划概念的提出和设计,是为了满足儿童对玩耍的需求。我们听到有些人对游乐场持消极态度,这并不是荒缪的。因为,如果游乐场建造得混乱,难以使用且维护欠佳,我们可以同意说游乐场的存在是"费解"的。但是,试想游乐场是为儿童需求而量身定制的公共社交场所。它与儿童的关系，就好像俱乐部、餐厅、甚至酒吧等是成人专属的社交活动场所一样。儿童和父母们都能预知游乐场带来的活动和情绪，他们知道可以在那里遇见喜悦与放松，还能遇见其他的孩子、家长和成人，并有可能因交往而成为伙伴或朋友。这便是游乐的独特价值。所以，笔者认为，如何理解游乐场的概念十分重要。引用著名城市学者扬·盖尔(2010)的话"孩子的玩耍一直是城市生活不可分割的一部分"，那么我们是否能把一座城市看作一个游乐场？如果城市即游乐场，我们又该如何去理解与探寻满足孩子需求的方式？玩是最好的老师，玩可以激发孩子的想象力和创造力。如果更多的人能从这个思路去想问题，儿童的成长和城市的发展将会更加有生命力。从专业角度讲，这种思路和设想的核心精神，是为了让城市更具包容性，更具儿童友好性。建筑大师路易斯康曾经说："城市，充满了无限可能。当一个小男孩在城市中穿行时，他所看到的城市也许将点燃他的整个人生梦想。"(引用自《美国人抗拒城市》302页，史蒂芬·康恩，2014)

虚拟儿童环境：让世界更美好/黑暗？

我们已经生活在一个信息科技时代,处处可见孩子们花费越来越多的时间在苹果手机、电脑、屏幕产品上,甚者有很多新生婴儿也开始接触上述产品。这些变化正切实地发生在我们每个人身边,不禁自问：科技创新会如何影响孩子？它们会给社会带来怎样的正面与负面影响？这些问题是需要和值得我们关注和分析的。

新科技确实给我们的生活带来了便利与舒适,但我们或许也同时低估了科技泛滥带来的弊端。伦纳德博士(2000)的研究认为,"那些花了大量时间使用新科技产品的儿童和年轻人,很有可能难以培养他们的社交能力"。这是因为,数字科技无法提供真实的人性互动。而儿童和年轻人需要在真实的人性互动中得到认知与肯定,只有那样才能建立儿童和年轻人的自信心。另外,还有一些信息科技产品蕴含了大量的电子暴力。根据美国心理学学会的研究,电子暴力与儿童好斗性格和行为表现之间具有关联性(1993,引用自伦纳德·伦纳德,2000)。特鲁埃尔森(2014)教授在欧洲的研究发现,以丹麦为例,只有不到16%的儿童每周的运动时间达到了7小时以上（这项研究随机抽样了4922名年龄为11岁、13岁与15岁的儿童进行调研）。这意味着缺乏运动将是儿童身心健康的最大威胁之一。

122

3

发现与启示

3.1 城市智慧
——斯德哥尔摩市儿童建成环境

1.建筑设计优先考虑环境能效和儿童安全

环境与经济是永续建筑设计和相关政策制定的主要衡量因素。每个学校都必须遵守绿色节能、经济效率、安全与保障方面的相关政策。儿童安全和环境保护同样也是建筑设计的重点。学校的规划与设计中，交通、声学、内外照明、空气质量、室温与安全设施是最基本的评价指标。比较而言，学校建成环境在创意和美学上的追求相对作出牺牲。这是因为创意和美学的价值难量化，其会导致的风险和得失也更为微妙。所以，不是很容易从政策制定上去限定建成环境的创意和美学标准。

2.斯德哥尔摩不同区域的校园环境标准有所差异

与20世纪严格的设计规范相比，现在的校园规划与设计变得更为灵活。在斯德哥尔摩地区，不同城市区域有各自的市政局。因为各区域发展程度、趋势和问题不尽相同，各区市政局会根据各自的情况，制定各自的校园建筑环境的规范或导则。然而，公众与专业人士一直在争论是否应该出台更为统一的标准规范。例如，校园学生人均面积的标准—— 索伦图纳区的最低面积要求为9m²/人，而里里亚荷门哈格斯坦区则为7.5m²/人。这些不同的标准应该通过评估，找到促成其制定的原因，然后比较不同标准带来的结果，从而将有效的指标适用于更大范围的城市规划和决策参考。

3.学校、游乐场和公园是重要的公共空间与场所，同时也是城市规划的重点

瑞典的学前与小学教育，归属于各市政当局的义务与责任。私人开发商很少投资建设学校，更愿意在热门地段投资开发居民楼和商用楼。另外，现在在成熟的城市街区新建学校的成本，远比在郊区建校或是翻新老建筑为学校的代价要高出许多。对于斯德哥尔摩这样人口日益稠密的城市而言，市政当局采取了优先建设高品质的游乐

场和公园的举措, 宏观调控学校的规划, 旨在为城市整体居住环境打下好基础。这是因为, 如果未来城市越建越密, 那么可用的高价值土地会越来越少。只有居住没有休闲的城市空间是不均衡不健康的。更多的人口, 带来更多的住房需求, 同时意味着需要更多的休闲与放松的空间。居民是否能方便地到达休闲场所和儿童友好型公共设施, 是居住质量和生活品质的重要表现。目前, 斯德哥尔摩在城内儿童与居民显著增加的区域中, 大量新增和更新游乐场和公园。

4.亲近自然与户外活动是一种传统

在瑞典, 儿童从小就参与环境议题, 因此他们对自然有着很深的情感(比约克利德·诺德斯姆,2007)。由于斯德哥尔摩群岛式地理特征, 它分散型的城市结构保留了大量的自然绿地。无论成人还是儿童, 都能在日常的生活环境中, 轻松地接触到自然和休闲活动。瑞典社会非常提倡和支持儿童到户外玩耍和运动, 并在每个季节都安排相关的学校或城市公共项目。便利的城市公共交通和基础设施, 为这些户外活动提供了可能和保障。现行的城市高密化发展战略, 被一些人认为能带来更高效的经济增长和环境效率。但另一些人则称, 这种趋势会导致保留的绿地被占领开发为居民区和商业楼宇, 儿童与自然的接触和绿地活动将减少甚至消失。这个复杂而激烈的社会辩题, 特别值得每个规划者深思。

5.在市中心保留出属于儿童的空间最能说明一座城市对儿童的态度

斯德哥尔摩的市中心有一座叫做文化宫的建筑。这座建筑有一层楼是"儿童之屋", 向公众免费开放。"儿童之屋"的空间是专门给孩子们玩耍、学习和社交的场所。这个空间很好地说明了斯城对这座城市的孩子的态度和决心。实际上, 市中心由于其文化历史积淀和商业活力, 使它不仅仅是成年人和游客们的热门聚会场所, 也是孩子们观察和体会城市脉动的理想之地。市中心附近还有很多其他的公众场所, 如广场、公园、购物中心和交通枢纽等, 也应同样考虑到儿童的需求, 提升安全度与舒适度。

6.便捷可达让城市生活更轻松

对于有孩子的家庭来说，出行时常常重点考虑到达一处地方的便捷度。斯德哥尔摩之所以被赞誉为儿童友好型城市，最重要的原因是因为许多家长都有一个共识——在这个城市非常容易带着孩子轻松出行。瑞典交通管理局、瑞典国家住房委员会与斯德哥尔摩市政府共同携手，组织儿童参与到城市规划的过程中。这些项目的成果，让人们更好地理解了儿童对空间的使用和体验，并有助于城市规划与设计向更安全、更便捷的方向发展。

7.城市发展以儿童的健康成长为至上

儿童是城市总人口的一部分，他们应该被平等地视为城市公民，有使用和享受城市的权利。瑞典虽然有儿童法律专员作为保护儿童权利的合法代表，但尚显不足。儿童友好型的城市规划意识和执行力，应继续得到更大范围的普及。这样才能确保在城市发展中，儿童与成人之间事务的得失，能够得到更均衡的处理。

3.2 设计锦囊
——给建筑师、规划师、开发商、政策制定者和决策者的建议

1.好奇感与安全感同样重要

好奇心驱动着不同年龄段的儿童,通过感官去探索学习周围的环境。在儿童看来,世界充满了各种新奇的事物。运动可以帮助儿童认知自己在环境中的位置,因此它对儿童有很重要的价值(比约克利德·诺德斯特姆,2007)。儿童通过自己的体验而树立起信任感和独立性。他们使用本能的沟通技能,去看、去听、去触摸、去品尝等,从而理解身边的环境。每当幼小儿童掌握了一门新技能或者新知识,他们就会迫不及待地去寻找下一个新的身心挑战。

2.居住地附近是否有好学校,是宜居城市的重要标准之一

父母都希望孩子的学校离家近,尤其是年龄较小的孩子的父母。孩子如果能独立走路上学,或者骑自行车上学,这将对他们的身心发展非常有益。在父母选择学校,特别是特色类学校时,学校地址是否靠近公共交通中转站是另一个重要考量点。此外,交通分流对学校选址和规划起到关键性作用(韦斯特福德,2010)。

3.热情趣玩的学校操场会吸引更多老师、家长和孩子的关注

室外环境的品质对一所好学校来说至关重要。优秀的室外环境让玩耍更轻松,更能激发孩子的想象力,保持良性循环:教师表现更好,孩子更健康开心。学校操场品质的决定因素并不是面积大小,但是,如果学校没有操场,或者操场太小,当然对孩子是不利的。儿童每天至少需要玩耍一小时。操场越大,质量越好,越能满足孩子活跃玩耍的需求。学校操场的环境即学校的室外环境,是一所学校留给孩子、老师和家长的第一印象。因此,学校操场也是学校与个人建立情感和认同感的首个契机。

4.品质学校和公园增进社区身份认同感、刺激房地产价值与社会资本

品质学校和公园反映出一个社区的品牌和功能价值。它能给社区居民带来身份认同感，同时有益于地价的保值和升值，使社区成为更多人向往的居住地。这种有实证支撑的规划战略值得政策制定者和决策者们参考。

5.简单不是错—开放空间不等于空荡空间

很多开放式亲子幼儿园偏爱开放式空间设计。据园长们介绍，他们认为这样的空间能更好地服务于幼儿和家长。因为，一般带孩子去亲子幼儿园的父母或成人，大多一方面希望孩子们之间能结交朋友，锻炼能力；另一方面也希望能和其他父母或成人交流，分享育儿心得和经验。在亲子幼儿园中常见的景象，就是孩子们在一边玩，父母或成人们在一边聊天。开放式的空间设计，能让视线更开阔，成人能更轻松地照看到孩子。另外，开放空间可以允许学校根据设计的活动主题或情境，自由组合可移动的家具，让园内环境更丰富。社区中心、综合购物中心和公园都是设立开放式幼儿园的理想选址。

6.教育者需要理解学校的建筑环境，教育者也是建筑师学习适合孩子的建筑环境的宝贵一手资源

在所有的教学方法中，充分利用身边的自然和建成环境资源是至关重要的。学校环境如果规划得当，设计有方，便能促进教学活动，鼓励教师工作表现，激发学生自主参与，并提高家长对学校的满意度。然而，学校建成环境的重要性，不会超过课程质量和教师素质。如果教育者可以更好地理解学校建成环境的意图，就能更充分地利用好它。学校可以通过组织工作坊、讨论会和书面交流等，帮助教育者更好地理解校园环境，利用教学空间环境更好地激励师生间互动、学生的身心发展和社交活动。

7.对教师有益的通常也对孩子有益

保证儿童和教师的在校安全感和校园生活享受权，是学校开发者的头等大事（卢斯福斯的访谈，2014）。学校设计除了考虑满足儿童的需求，还需要考虑到教师的需求，如休息、社会交往和独立办公等。关怀教师的校园设计，也将最终有益于儿童。因为校园环境对教师的

影响,会直接反映在他们的工作状态上。作为职业者,教师的工作环境是学校,他们一生在学校空间里度过的时间是最长的。所以,虽然学校设计的服务主体是儿童,设计者还应充分考虑到建筑环境可能对教师带来的影响。

8.以长远目光去看待和支持与儿童健康相关的基础设施的投资

玩耍、吃饭和休息是儿童在幼儿园里最基本的活动和权利。学校内的空气质量对儿童和教师的健康十分重要。瑞典的法律和规范对学校厨房有明确的高卫生标准和环境标准,每个学校都必须遵守。对学校厨房的考核是学校硬件考核中重要一项,因此学校都极度重视。不论是新建厨房,还是翻新厨房,其成本代价几乎相当。所以学校更愿以长远目光去看待和投入厨房的建设。

9.儿童友好型建成环境不应只是少数专家的专利知识,而应在更多的开发商、规划师、建筑师、市政府部门中加以普及

学校应鼓励在允许范围内,多开展在学校项目中的儿童参与和体验。一所品质学校,是多方配合的结果。它包括开发商的远见、市政府的决心、设计师的才华和建筑团队的真诚等等。城市层面的机制设立,可以帮助提高这个领域的知识互动和经验学习。

10.真正的学校品质,要等到校园建设完成并投入运营后,方见分晓

并不是所有建筑师对学校设计的预想,能完全与儿童的认知一致。建筑师对设计要素的选择,要切实地考虑到儿童的需求和行为特征。然而有时候,建筑师的主观想象只能在设计被儿童使用以后,才会知道真相。这部分知识即设计回访,需要及时补充和应用到未来的设计中,形成设计良性循环。

11.我们依然在摸索建筑美学对儿童发展和健康的重要性

与学校的建筑功能、经济成本或环境能效等因素相比,建筑环境的美学价值对儿童的影响,更加难以量化评价。这导致了学校规划和设计过程中对审美方面的忽视。然而,儿童对环境的敏感度高于

成人。他们更能感受到美好或是丑陋，尽管他们或许不如成人善于表达。今后的研究应鼓励去寻找建筑审美对儿童影响的评价方法。

12.年龄小的孩子或许更适合小规模学校，尽管很难量化评估

虽然很难科学地评价学校规模对儿童整体发展的影响（目前未发现该领域的全面研究），但是从大部分受访的教育者的观点来看，他们认为小规模的学校更能为幼小儿童提供品质环境。因为，规模大的学校常常会有交通和物流的问题，比如洗手间与教室的相对位置分布、距离和平均数量比等。

13.巧妙的学校走廊设计更能激励学生们的社交互动和创新思维

学校走廊的设计对增进学生与老师之间的社交活动，有极大的潜力。一些受访的教育者和学校建筑师提到，走廊是连接教室和其他教学空间的中间地带，这个空间如果能好好利用，可以让学生们在课余更轻松自然地交往和放松。走廊也是学校师生使用频率很高的空间。如果在这些空间展示学生的作品，既会有很高的"收视率"，又能将学生的作品整合为学校建成环境的一部分。

14.栅栏不是唯一能保护学生的方式

给学校安装栅栏是成人图省事的办法，但这并不一定利于儿童的积极成长。一些情况下，安装栅栏在所难免，但注意把握安全与保障之间的平衡，营造和谐环境的思路值得尝试。传统的栅栏看上去封闭禁锢，这是否是学校应该有的形象特征呢？从环境心理学的角度去试想这种设计可能会带来的负面效应。再从正面去思考是否可以通过地形和景观设计柔化栅栏，使校园环境看去更轻松和谐。

15.灵活多样的学校操场环境和游乐设施，让孩子玩得更尽兴

设计巧妙的学校操场，能让孩子和老师自主灵活地安排玩耍和学习环境。孩子们可以在这里观察到不同的四季景象，教师们可以在户外通过玩耍或项目搭建给学生教学。优秀的校园操场微环境，可以吸引小鸟、蝴蝶等野生动物，增强孩子们的兴趣、自然认知和环境意识。学校操场还可以作为学生、老师和家长的会面交流地点。在学校

操场的设计中，应注意避免易招惹蜜蜂叮咬和有过敏性花粉传播的植物。如果有水景设计，应注意其安全性。

16.学校操场的面积应与学生数量成合适比例

学校操场的面积是儿童安全游戏的基础条件。瑞典学校操场的平均面积为17-40m²/人，政府推荐的面积标准是30m²/人，靠近公园和游乐场的学校操场的推荐面积为20 m²/人(斯多乐，斯戴凡，2014)。如果一些学校的操场面积实在有限，那么便需要良好的学校管理，协调与安排好可同时在操场上玩耍的孩子的数量。

17.有挑战性的学校操场地形对大孩子会更有趣 (3-6岁) ，但对小孩子 (1-3岁) 则可能危险

年纪较小的儿童身体协调能力依然在发育，他们的平衡与肢体能力还很有限。因此平整的地面对他们更安全更合适。年纪较小的儿童也许会对有坡度的地形感兴趣，但这也可能引发意外。另外，坡地形的维护成本高，工序较繁琐，比如在雨雪季节需要处理防止滑坡的问题。

18.增加学校设计的活力需要更多巧思妙想，但不一定意味着更高的成本

建筑师和规划师具备转化想法到物质形态的设计技能，但前提是能与客户有良好沟通，特别是与当地有经验的教育者、开发商、业主和决策者的沟通。好设计并不一定意味着高额的建造成本。高成本也不一定能保证有品质的设计。我们更需要认识到，当设计无法满足学校和学生的需求时，建筑师和规划师也是最先被指责的，尽管导致事情结果的原因和责任并不全在他们身上。

19.理解孩子如何玩耍、为何玩耍、在哪里玩耍是提升学校操场设计水平的关键

学校操场的设计旨在营造一个能激发孩子想象力和创造性玩耍的空间环境。关于玩耍和有益儿童身心发展的空间设计知识，远比应用到实践中的要多。大多数学校操场都设计得很类似，有组织型运

动游戏空间和攀爬设施等，同时尽量采用低维护设施(丹克斯，2010)。优秀的学校操场设计，会融入寓教于乐的理念，教师能用操场作为课堂，给孩子更多空间去感知自然和创造玩耍的方式。

20.游乐场和公园不只是儿童的专属，它们是高频率家庭出行的公共空间和邻里特征的标志

个性化的游乐场设计能增进成人和儿童的玩耍乐趣和互动学习。因地制宜的设计使每个游乐场独一无二，从而强化了社区邻里的个性特征。斯德哥尔摩过去曾采用统一设计的商品化游乐设施，但最近开始更多采用因地制宜的个性化游乐场定制设计。后者的实现通常是由艺术家、工匠、规划师、景观建筑师和公园工程师的整体合作。从与规划师和游乐场工程师的访谈中得知，个性化游乐场的核心是营造真诚的游乐空间，使用高品质耐用材料和有创意的设计。这样的游乐场能为城市公园和"被遗忘的"城市角落注入新的活力，它们是社区生活的催化剂。

21.儿童在他们的居住地附近游玩得最多

哥本哈根的一项研究(特鲁埃尔森，2014)运用GPS记录下了儿童的运动轨迹。研究发现大多数儿童在工作日放学后，最经常在居住地附近的游乐场玩耍，其次是有体育设施的场所。斯德哥尔摩的一项关于哈马碧湖城社区的研究也发现了同样的结论 (卡特琳，2012)：儿童在家附近玩耍的时间是最多的。因此，居住区和周围环境的设施条件和设计品质，对儿童的日常生活十分重要。

22.所有可达性高的公园对当地居民更加重要

由于儿童在居住地附近的游乐场玩耍的时间最多(特鲁埃尔森，2014，卡特琳，2012)，可以想象即使一些社区没有游乐场，儿童还是会在居住地附近寻找玩耍的可能性最大。一来因为儿童无时无刻不在"玩"的状态；二来儿童的独立出行能力有限，在家附近玩耍是最方便的。那么在居住区附近的可达性高的公园，便成为附近居民的常用的休闲之地和儿童的嬉戏空间。

23.融洽沟通和整体协调是项目成功的法宝

科学有效的项目管理与规划设计能力一样重要。项目管理可以推进多方利益相关者的理解和协调，特别是对儿童使用者需求的理解。开发商、规划师、建筑师、景观建筑师、工程师和政府官员之间的融洽沟通和相互理解，可以保证项目最大化地满足公众利益。

24.勿忘安设洗手间

在游乐场与公园的规划中，设计洗手间是件有挑战性的事。因为洗手间需要经常性维护。现实中，很多家庭时常会围绕某个游乐场计划半天以上的活动安排。洗手间设施的不足或维护不善，会给儿童和家庭带来不便。

25. 公园和游乐场的户外设施不是摆设，而是必要硬件

照明、座椅、垃圾箱和回收箱是每座公园和游乐场都必需的基本设施。其中，座椅大约最能反映公共场所的品质和体验。父母、祖父母和成年人有时会和孩子一道在公园和游乐场玩耍，有时也会让孩子自己游玩，而他们在一定距离内照看着。单人座椅和长椅可以给这些父母或成人提供舒适的休息之地。野餐桌椅也很实用，它能给需要补充食品的儿童与成人带来方便。

26.市中心也是儿童学习和享受城市生活的公共空间

市中心聚集了许多文化场馆，这里的建筑和街道凝聚了丰富的历史。家长应该主动带孩子一起到市中心体验城市文化和脉动，而不是设法避开它。事实上，市中心的到访频率非常高，无论是当地居民还是外国游客。因此，市中心的建成环境还可以从儿童友好、家庭友好的角度再做升级。

27.在购物中心设立儿童与家庭区，是受益于使用者和开发商的双赢策略

人们常以家庭为单位，包括儿童，一起出行购物。在斯德哥尔摩的大部分购物中心，都有免费开放给公众的母婴室（哺乳室）、婴儿清理台和儿童洗手间。这种做法应得到鼓励并推广到更多的服务性场

所,例如咖啡馆、餐厅和健身房等。

28.主动与孩子发生互动的博物馆设计,让教育更生动

如果儿童能在博物馆内安全自由地活动,他们通常会喜欢这样的博物馆。如果展示品陈放在他们视线水平上,他们通常会更容易注意到展示品。儿童参与和体验的展览项目,可以提高儿童对博物馆的兴趣和体验乐趣。一座有魅力的博物馆,会时刻主动与儿童互动,邀请儿童去触摸、聆听和感知。

29. 主动邀请儿童玩耍的雕塑,体现出艺术的实用价值

如果公共艺术可以设计得让人触碰,它将会更有启发性和参与感。瑞典艺术家埃贡·穆勒-尼尔森创作的图弗森(见94页),作为一件孩子们可攀爬玩耍的城市家具和雕塑,放置在一个开放式幼儿园的花园内。时间证明了这个作品在市民心中的认可度。另外,在里里亚荷门公园一角的,由艺术家约翰·费纳·斯特伦姆创作的艺术作品"水果花园"(见63页),是另一个颇受儿童和家长喜爱的热门游乐场。这一次,艺术家把可玩性雕塑的尺度愈加扩大,整个花园由不同色彩鲜艳的水果形象的游玩雕塑组织而成。

30.顾全儿童需求的设计对大家都好

在规划与设计过程中引入儿童视角有多种方法。根据具体案例情况和资源,适宜地选择应用这些方法,能使项目落实更加有效。基本原则是能够聆听儿童的需求,并采取应对儿童需求的设计措施。家长和孩子会因为儿童的需求得到满足,从而更有信心适应不同的社会环境。

31.公共交通中更需关怀儿童

许多儿童都喜欢乘坐公车、火车、地铁、轻轨等,一方面他们因这些交通工具在城市中的穿梭而感到兴奋不已,另一方面在公共交通中所接触的多样的人群让他们十分激动。然而,公共交通系统通常人流较密集,上下转乘不尽方便。对于儿童和一些家庭来说,这些是他们使用公共交通的障碍。如果在公共交通系统的每一个环节中,都

能尽可能采用"儿童友好型"设计,势必可以鼓励更多的儿童和家庭采用公共交通出行。

32.在机场设立儿童游乐区,可以让旅途环境更轻松

机场对于儿童来说,既宽敞又兴奋,同时因为匆忙的行人,还会有些紧张感。对于即将较长时间坐在飞机上,不能随意动弹的现实,儿童更需要能提前有个可以让他们玩耍放风的地方——机场儿童游乐区。由于机场的空间对儿童而言太大,为了方便家长的出行,安排机场专用婴幼儿手推车十分必要。

33.游乐区与阅读区的设计,可以增加儿童医院和儿童医疗设施的亲和力

即使在医院和诊所这样的特定场所里,孩子爱玩的心理也一刻没有消失过。在儿童医院内设置游乐空间,或在空间和界面设计上植入趣玩的元素,可以改善儿童的就医体验和与医生配合的程度。在儿童医院设立儿童图书阅览区,可以让医院环境更有亲和力与平静。社区医院中的儿童科,可方便居民及时就医,避免不必要交通周折。在社区医院儿童科的环境设计上建议采用小尺度的游乐区和阅览区。

3.3 温馨贴士
——儿童友好型建成环境的灵感素材

1.儿童对环境更敏感,尺度与细节是关键。

2.交通便捷、可达、易使用,是儿童友好型建成环境的基本要求。

3.交通规划需牢记:儿童时刻处于玩耍心理和状态。

4.家长亲睐学校选址靠近居民区或主要公交中转站。

5.学校选址应优先考虑光线、噪声和空气条件。

6.学校内外的自然光线与人工照明同等重要。

7.学校走廊的设计既可促进儿童的社交活动,亦可导致冲突和拥挤。

8."栅栏"不是保证学校安全的唯一方式。

9.学校操场对儿童体智、社交能力的发展和环境意识的培养,有着独特的作用。

10.学校的"社交场所"是最受学生与老师关注的。

11.空间与家具的设计既要有固定的,也要有灵活变通的。

12.校园入口附近严格设立"无车区"。

13.儿童活动空间中所有能打开的门,都应加以固定装置和门缝安全处理。

14.儿童建成环境的设计中应避免暴露在外的尖锐棱角。

15.与教师、学生的交流能带给设计者宝贵的资讯。

16.高密度人居城市需要更多更好的公园。

17.高品质游乐场能为社区注入活力、提升品牌形象和提高居民生活品质。

18.更广阔的空间更趣味的设计能激发更主动的运动。

19.游乐空间的设计需考虑到易发生摔倒区域的安全设计。

20.公共场所尤其游乐区域需要设立方便到达的儿童厕所。

21.儿童在所有公共空间和场所的"正经事"就是玩。

22.儿童比成人更喜欢戏水。

23.鲜艳的颜色和对比色系易吸引人们的注意,尤其是儿童。

24.规划与设计过程中的儿童参与,能启发并提醒成人对儿童的考虑。

25.儿童在规划与设计过程中的参与,会培养他们做城市主人的意识。

138

4

结语

儿童友好型的城市规划，可以让城市的发展更永续。建成环境影响着人们的生活和发展，尤其是儿童的生活和发展。同时，它也是社会永续性维度中的关键组成部分。想要营造具有儿童包容性的城市空间和场所，首先需要理解规划与设计过程和儿童需求与空间使用的系统性关系。

所有关于儿童的议题，只有一个中心思想——儿童的健康成长。然而这件事、这个愿景，会受到物理环境设计的影响。许多科学研究发现，建成环境的形式与儿童的身心健康和发展有极高的关联性。成人所做的建成环境的设计，是根据成人对童年和儿童需求的想象。或者说在很大程度上，这些建成环境取决于规划师或建筑师对童年和儿童需求的想象。1989年联合国颁布的《儿童权利公约》，帮助各国意识到儿童的权利和儿童有权参与城市规划过程。更有一些先进的研究成果，帮助我们解码了儿童的空间体验。然而，这些知识具体如何应用，如何系统性采纳，做法千差万别。这是由于每个社会对这件事情的决心和能力有所不同。

斯德哥尔摩，是欧洲屈指可数的模范儿童友好型城市之一（弗里曼·传特，2011）。其在城市永续发展方面的成就和领导力，也是全球有目共睹的。被誉为斯堪迪纳维亚明珠的斯德哥尔摩，是历史上第一座"欧洲绿色之都"（2010）。笔者在此研究中，梳理了儿童与城市的相关文献，收集了斯德哥尔摩城市中具有启迪性的儿童建成环境案例，并与这些案例的使用者和设计者进行了访谈，提炼出斯德哥尔摩在儿童建成环境方面的经验与洞见。这份研究旨在激发更多的职业者关注儿童的城市生活环境，鼓励共同创造健康友好的宜居城市。笔者希望强调的是，儿童的城市生活是一个整体，它由若干场所与空间构成。儿童的世界不是孤立的，而是与成人的世界紧密一体的。在案例研究中虽然对不同场所进行了分类，但是研究的出发点是城市系统。整体与局部的关系认知，和对局部的具体研究，可以帮助我们更全面客观地认知儿童与城市这一议题。在发现与启示篇设计了三个层次，这是为了方便不同的读者群。希望这个方式能更能好地协助不同需求的人群，找到能启发自己的灵感。

"空间和设施并不能培育孩子……只有人能够培育孩子，并带领他们进入文明社会。"
——简·雅各布斯

最后,本研究最为关键的结论是:确立儿童玩耍的权利,强调儿童参与的社会价值。儿童的想象力和适应力是无穷尽的,我们每个人都应该意识到这是种宝贵的资源。培养"听话"的孩子,还是培养坚韧、有应变力、有创造力的"未来接班人",我们每个人都应该认真考虑:我们的城市是否辜负了我们的儿童?我们用了多少时间,是如何考虑与投入到建设满足儿童需求、促进儿童健康成长的城市环境的?环境因人而改变,环境也会改变人。

后记

对话扬•盖尔

美好城市为人人，亦为儿童

以下文字取材于作者与扬•盖尔教授2016年5月在哥本哈根盖尔事务所的采访对话，由作者编辑整理以适阅读。

作者笔记：

在我研究和准备书稿的这几年，"儿童与城市"的话题在全球范围内得到与日俱增的关注，而现在她正在开启与中国读者的会面之中。我发现在曾阅读过的文献资料中，有许多五十年前甚至一个世纪以前，学者们所作之睿智的观察和发现，对于我们今天的城市而言，依然珍贵与受用。这其中让我感触最深的思想领袖之一，是城市学者扬•盖尔教授。他对"人性尺度"的规划设计的思考与贡献，尤为我所关注。

盖尔教授是倍受瞩目的丹麦建筑师，他亦是广有国际影响力的城市规划师。他对城市生活的重要贡献，是帮助城市重新向步行系统、自行车道等方向设计，核心思想是对"人"的重视。他与他的妻子——心理学家英格丽特•温特，对"为何建筑的人性一面没有被建筑师、景观设计师和规划师更周全地照顾到"有着频繁的讨论。他们几十年间坚持在社会学、心理学、建筑和规划的边缘地带上研究和探索着。我非常感谢与盖尔教授交流的这个下午。他分享了自己对城市建成环境的认知，和对城市如何能让人们的生活更美好的心得。

JJ=荆晶　　JG=扬·盖尔

JJ: 您如何看待不断发展的"儿童与城市"之间的关系？

JG：让我首先给你讲个故事吧！这个故事也是我常爱与人分享的故事：曾经有位越南河内的女士到哥本哈根访问，她告诉我她认为丹麦一定有育儿潮。我对她回答道，你在丹麦看见满街孩童，是因为这座城市让你所看见的景象成为可能。

在哥本哈根,每三个家庭之中就有一个家庭有儿童运送自行车(Cargo-bike),每辆车平均可乘载1-3个孩子。街道上也有儿童骑自行车,因为城市将街道治理得对儿童而言足够安全。丹麦的幼儿园会训练孩子们在城市中骑车。我的孙女就骑自行车上学,她一路上完全不用过马路。这也体现了丹麦法律,因为法律规定七岁以下小孩不可以单独骑车过马路。于是,作为城市必须要向儿童与家长保证道路交通的可用性和安全性。

对于在城市街头看见很多儿童的身影,这并不一定表示这座城市正在经历着"育儿潮"。相反,如果城市环境污染严重、交通拥挤且危险,那么一定不容易在街头看到儿童的出没。换个说法,如果能在一个城市的街头看见很多小孩,那是在说明这个城市的生活品质和宜居度之高。

有时我爱说,如果你看见一个城市有游乐场,那么说明那里有什么地方出错了。我认为"游乐场"是现代主义者引入的概念。他们将生活、工作、娱乐严格地在空间上孤立划分,只在一些指定的空间和地方,设计特定的游乐场。所以,导致现实中很多情况是孩子们得穿越城市去寻找一个玩的地方。这是我们的城市传播所担忧之处。在以前,我们的城市没有所谓的"游乐场",城市本身就是一个游乐场。孩子们可以自由组织自己想要的生活和嬉戏形式……说到这儿,我可以再给你分享一个故事。我有一位朋友,他是个离异的单身父亲,有两个女儿。他告诉我,平时由他照顾孩子的时候,他得把孩子带到公园去,一边看守一边等待她们玩耍。那个时候他住在城里的公寓。后来,他搬到一个精致的丹麦设计风情的排屋社区,那里每家每户都有前后花园。他告诉我在那里,他不用专门陪着孩子们去找地方玩儿。孩子可以自由组织她们的活动,邻居们的大门一向都是敞开的。如果有时候他遇上急事需要处理,可以随时到邻居家询求他们暂时帮助看护孩子。我相信,那次"搬家"一定是他人生的一场革命。所以,这些故事和经历告诉我们,环境和场所是否需要成人为儿童而计划与安排,还是可以让儿童能自己自由安排活动,结果是完全不一样的。

JJ: 所以您的意思是，您通过观察人们与儿童在不同设计的住宅和社区邻里的生活，看到人们的生活品质随之变化。那么，您能否谈一下，为何现在人们更加在意儿童玩耍的安全和不愿让孩子在没有成人看护的情况下自由玩耍呢？媒体是主要的原因吗？还是人们和社会的态度随时代而改变了？

JG: 有很多研究都证明了住在房屋底层的人比高层的人更容易出来户外活动和玩耍，包括儿童。在现代社会，儿童的生活很早就被安排到幼儿园和其他教育中心等。在普通工作日期间，孩子们每天会在那些场所中呆上大约8小时时间。所以，现在的儿童在所居住社区的邻里中停留和玩耍的时间，比起过去要少很多。现实生活中，确也不乏一些现代主义设计的住宅。它们不能让家长放心地让孩子去楼下玩耍。

关于家长们是否能安心让他们的孩子在没有成人看护的情况下独自去玩，需要看具体的空间与场所环境。如果孩子们是在一个相对闭合的住宅区内院里玩耍，我想大部分人会感到那样的环境是安全的；如果孩子们是在完全开放的有各样人群进入的空间里玩耍，那么那个场所的不可控风险明显更高。

145

JJ: 现在规划师需要考虑很多的视角，比如儿童的视角、性别的视角和老年人的视角等。您认为这些不同的视角应该如何看待与衡量轻重？

JG: 我在我的书《人性化城市》中说到过，美好的城市是为每个人而造。整体的视野和方法是关键，无关视角。如果各种"视角"成为竞争关系，这样的城市不会美好。比如在日本，当残障人士视角突然占据绝对主导地位时，整个城市都在为"残障人士团体"而设计。过度的偏激是不提倡的。

有时候一些局部的问题，并不是局部的问题，而是整体的问题，或是局部与整体关系的问题。换句话说，某部分人群的问题，不是这部分人的问题，而是社会的问题，和这部分人与社会的关系问题。我们更应重视社会上的一些普世价值观——如果一个城市能让"老与少"开心,她应该能让所有人开心。

JJ: 您认为目前城市有哪些重要的趋势和将要面对的挑战?

JG: 现在正有些好的趋势在城市间上扬——很多城市都在努力改进城市的可走性。只要人们可以自由地安全地在城市中行走,不用承受麻烦的交通体验,那么这个城市为人们充满生机的健康生活,提供了基本保证。另外,还有一些城市公共空间的升级项目也在进行之中,那也是积极的信号。对公共领域和公共生活的投入,可以给人们城市生活的品质加分,当然包括儿童和家庭的城市生活品质。

146

AFTERWORD

An Interview Dialogue with Professor Jan Gehl

A Good City for People is Good for Children

The dialogue below is a transcript of an interview of Prof. Jan Gehl conducted by the author, Jing Jing. The interview took place at Gehl Architects' head office in Copenhagen in May 2016. It has been edited for readability.

Authors note:

During the course of my research to produce this book, it was evident that the growing attention given to the topic of "child and city" globally is now only beginning to reach a Chinese audience. As I reviewed major literatures across this topic, I found many insightful observations and findings some of which were made fifty years ago or a century but are still valid and valuable for today's cities. One of the thought-leaders whose insights struck me most was Prof. Jan Gehl and the attention given to bringing the "human dimension" to planning and design.

Prof. Gehl is a renowned Danish architect and influential urban planner whose work has had profound influence on urban life by helping cities re-orient their design towards pedestrians, cyclists, and above all, people. He and his wife, the psychologist Ingrid Mundt, had many discussions about why the human side of architecture was not more carefully looked after by the architects, landscape architects, and planners, and for decades have explored this borderland between sociology, psychology, architecture, and planning. I was very thankful for the opportunity to spend an afternoon with Prof. Gehl, where he shared his thoughts on the built environment in cities and how they can shape people's lives for the better.

JJ=JING JING   JG=Gan Gehl

JJ: How do you view the evolving relationship between the "child

JG: Let me begin with a story which I always like to share – there was once a lady from Hanoi told me that she thought there must be a baby boom in Denmark. She said that while she was on a tour visiting Copenhagen. I responded to her that you see children and babies in the streets of Denmark which is a result of the city is available for them.

In Copenhagen, every third family has a cargo-bike which can carry 1-3 children on average. There are also children biking in the streets, since the city has made the bike lanes safe for them. Kindergartens train children to bike in the city. My granddaughter bikes to school without entering any disturbing road crossings. This is a reflection of Danish law which says that children under seven cannot go cross streets just by themselves. Hence the city must make the streets available and safe for them.

148

Seeing children around in the city is not necessarily a result of a "baby boom". In contrast, children will not be easily seen on the streets and places where environment is severely polluted, traffic is congested and dangerous. In other words, if you see many children in the city, that speaks to the quality and liveability of the city.

Sometimes I like to say if you see playground in the city, it is a sign of something wrong. I think "playgrounds" were introduced by Modernists. They plan live, work, recreation at certain areas, and specialize playgrounds at designated places. So as result in most cases children have to travel across the city in order to find a place to play. That is what our urban advocacy concern about. In the old days, there were no "playgrounds", the city itself is a playground. Children can freely structure their life in the city. ⋯ I can tell (another) story about this. I have a friend who is a divorced father with two children. He told me that during his time with the children he had to bring them to the park to watch and wait for them to play. He lived in a flat in city at that time. Later he moved to a nicely designed Danish row housing area where everyone has a front and back yard. He told me he did not need to accompany the children to find a place to play there, the children could organize their activities freely and all neighbours' doors are open. He could drop by his neighbours to ask them to babysit the children if he had urgent things to do. That "move" is a revolution of his life as I can believe. So whether you have to plan for the children or the children can organize activities themselves, it makes a fantastic difference.

JJ: So you mean you see changes of people's quality of life by observing their daily lives with their children in differently designed homes and neighbourhoods. Then what do you think causes people today to be even more concerned about safety for children's play or letting children playing alone? Does media attention play as the reason, or people and society have changed their attitude over time?

JG: There are a number of studies shows that people whom live on the ground floor turn to have more chance to go out to play, including children, in comparison to people whom live on higher floors. In modern society, children's life have been earlier structured to attend kindergartens, schools for about 8 hours a day. They have less time to use their local neighbourhoods than the old times. And there are many modern dwellings designed in a way people cannot just send their children downstairs to play. Whether people feel comfortable letting their children go out to play without their supervision, it depends on what kind of the space and places are. If children play in a relatively enclosed yard of the housing block, most people turn to think it is safe. But if children play at a "no man's land" which means a place let access to anyone, then uncountable risk is higher.

JJ: Today's planners need to consider many perspectives, such as children's perspective, gender perspectives, elderly perspectives? How do you think this multitude of perspectives should be taken into account? How to prioritize between them?

JG: I have written in my book Cities for People that a good city is one that is for all. A holistic view and approach is the key, regardless of perspectives. A city will not be "good" if "the perspectives" get into competition. For instance, in Japan, when the handicapped perspective is at an extremely dominant position, the city is suddenly all built for "handicapped" group.

Sometimes, a problem impacting a specific group is actually a result of a larger issue of the entire body of the subject, and the relationship between the parts and the whole. In other way of saying, what seems to be one group's problem may really be everyone's problem, and is caused and affected by the relationships and roles of different people in the society. It is important to look to a universal vision —a city that can please the old and young, the city is able to make everyone happy.

JJ: <u>What do you see as the important current trends and future challenges for cities?</u>

JG: There are some good news happening now with many cities making progress towards improving walkability. Once people can walk around in the city more freely and safely, people can do activities without troublesome traffic experience, the city offers a lively and healthy life for people. There are also urban upgrading projects to enhance public life, which are also positive development. The investment in the public domain and public life will increase the quality of urban living, including for children and families.

致谢

城市研究《童之境—— 斯德哥尔摩体验》(Built Environment for Children—Stockholm Experience)在瑞典建筑研究基金会ARQ的资助和建筑师事务所Arken SE Arkitekter的支持下,于2014—2015年间在斯德哥尔摩完成。

作者真诚感谢所有为这项研究不吝赐教的专家组成员。由衷感谢本研究责任导师瑞典皇家工学院的Tigran Haas教授和Sara Grahn教授。我对来自其他高校、建筑公司和城市职能部门的资深专家,如查尔姆斯大学Lars Marcus教授、瑞典农业大学Maria Nordström教授、资深校园建筑师Jonas Kjellander先生、建筑教育法专家Suzanne de Laval女士和儿童策略师/儿童法律专员Åsa Ekman女士,在研究过程中的讨论会和汇报会上给予的无价指导,深深感谢。

作者希望在此感谢所有花时间与精力回复邮件、接听电话和会面交流的被参访者。没有你们的知识反馈和一手信息,研究不会顺利地走上由你们开启的绿色通道。特别是那些被采访的学校的老师们,作者深感你们每天的工作已经非常满载,但出于对研究的支持,你们仍挤出时间不止一次地与我会面交流与导游讲解。希望那些你们也曾好奇的问题,可以在这个作品中找到答案。作者还要诚挚感谢所有学习案例的项目建筑师、景观建筑师、规划师、设计师、艺术家、项目综合经理和市政人员。感谢你们的无私分享和传授,包括设计知识、战略、技艺、资源和图片等。

以下是所有我想感谢的被访者名录:

Alexander Ståhle, Spacescape

Alicja Lindell, Kungsholmen open pre-school

Anna Granit, Margarita Sanchz, Pre-school Vågen

Bengt Isling, Nyréns Arkitektkontor

Boel M. Hellman, Markus Aerni, Happyspace

Britt Mattsson, Johanna Samuelsson, Kungsholmen municipality

Charlotta Olsson, Luma open pre-school

Dag Levander, Vasakronan

Jens Nilheim, Exploateringskontoret

Jill Nilsson, STIMS (Stockholm International Montessori School)

Johanna Jarméus, Lovely Landskap AB

Jonas Berglund, Åsa Johansson, Nivå Landskaparkitektur

Jonas Ludvigsson, Karolinska Institutet

Kajsa Petersson, Boverket

Krister Lindstedt, Malin Zimm, Gustav Malm, Nikolas Singstedt, Viktoria Walldin, White Arkitekter

Lars Sjöholm, Peter Mallin, Britt Berntsson, Liljeholmen-Hägersten municipality

Leif Blomqvist (rtd.), Stadsbyggnadskontoret

Liselotte Van der Tempel, Pre-school Paletten

Lovisa Selander, Baltic Development Forum

Maarit Andersson, Pre-school Pipmakaren

Maria Johnsson, Pre-school Instrumentet

Mats Westerberg, Ivar Inkapööl, Lekplatsbolaget

Owe Lindh, Maria Rosfors, SISAB

152

最后，我要感谢Arken SE建筑师事务所的同事Torbjörn Einarsson先生、Jaime Montes先生、Barbara Klockare先生、Gunnar Jutelius先生和Peer-Ove Skånes先生。你们在我的研究阶段为我带来很多无形无价的日常性辅导，包括对文化语境、传统、思维方式等等。我也要感谢一直陪伴和启发我的家人和朋友。与你们一起的生活经历和有意无意的对话，都是我坚持为寻找"问号"的答案而勇往直前的太阳能电池。

ACKNOWLEDGEMENTS

This work is a one-year research project Built Environment for Children—Stockholm Experience, done in collaboration with Arken SE Arkitekter and supported by the ARQ Foundation (C/O White Arkitekter)-5:2013*.

I have benefitted immensely from the invaluable insights provided by the supervisors and reference group of this study. I am grateful for Tigran Haas and Sara Grahn's engagement and guidance throughout the year. I would like to thank Lars Marcus, Maria Nordström, Jonas Kjellander, Suzanne de Laval, and Åsa Ekman for sharing their knowledge and inputs to the research during in the workshops held at the KTH, Arken SE and WHITE Arkitekter offices. Much thanks as well to all the interviewees, whom had spent time to meet me, answer emails and calls, and send references for me to study and the school teachers who shared both their thoughtful reflections and time outside their intense everyday work. I hope this report meets the expectations of all of those who contributed to it. In addition, I would like to thank the architects, planners, landscape architects, project managers and professionals in Stockholm's municipalities whom have shared their expertise and experience on the selected case studies and allowed their images/photos presented in the report. Together they made this work possible, they are:

Alexander Ståhle, Spacescape

Alicja Lindell, Kungsholmen open pre-school

Anna Granit, Margarita Sanchz, Pre-school Vågen

Bengt Isling, Nyréns Arkitektkontor

Boel M. Hellman, Markus Aerni, Happyspace

Britt Mattsson, Johanna Samuelsson, Kungsholmen municipality

Charlotta Olsson, Luma open pre-school

Dag Levander, Vasakronan

Jens Nilheim, Exploateringskontoret

Jill Nilsson, STIMS (Stockholm International Montessori School)

Johanna Jarméus, Lovely Landskap AB

Jonas Berglund, Åsa Johansson, Nivå Landskaparkitektur

Jonas Ludvigsson, Karolinska Institutet

Kajsa Petersson, Boverket

Krister Lindstedt, Malin Zimm, Gustav Malm, Nikolas Singstedt, Viktoria Walldin, White Arkitekter

Lars Sjöholm, Peter Mallin, Britt Berntsson, Liljeholmen-Hägersten municipality

Leif Blomqvist (rtd.), Stadsbyggnadskontoret

Liselotte Van der Tempel, Pre-school Paletten

Lovisa Selander, Baltic Development Forum

Maarit Andersson, Pre-school Pipmakaren

Maria Johnsson, Pre-school Instrumentet

Mats Westerberg, Ivar Inkapööl, Lekplatsbolaget

Owe Lindh, Maria Rosfors, SISAB

154

Finally the author sincerely thanks to Torbjörn Einarsson, Jaime Montes, Barbara Klockare, Gunnar Jutelius, Peer-Ove Skånes, whom have trusted me and provided considerable guidance and insights through our many dialogues during my daily work at Arken SE Arkitekter office. Last thank goes to my friends and family who have inspired me during this work in informal discussions on how our children experience the city.

参考文献
REFERENCES

BKA- Barn Konsekvensanalys, Göteborg Stad, 2011. Available at goteborg.se/wps/wcm/connect/0f49bd84-4aa2-4647-8e3d-162d431ea916/OPA_BKA.pdf?MOD=AJPERES

Bjurström, Patrik. Att Förstå Skolbyggnader, 2004. Available at http://kth.diva-portal.org/smash/get/diva2:9681/FULLTEXT01.pdf. Accessed October 10, 2015.

Björklid, Pia. (1997): "Traffic Environment Stress: A Study of Stress Reactions Related to the Trafic Environment of Children.." in Gray, M., ed. Evolving Environmental Ideals: Changing Ways of Life - Values and design Practices. Book of Proceedings. 14th Conference of the International Association for People-Environment Studies, 285-293.

---- (2002). Trafikmiljöstress i föräldraperspektiv. Institutionen för samhälle kultur och lärande. Forskningsgruppen för miljöpsykologi och pedagogik. Lärarhögskolan i Stockholm.

----(2003). "Parental Restrictions and Children's Independent Mobility". A paper presented at the semianr Byen i börnehöjde, Skov Og Landskab, Center for Skov og LÖandskob og Planaegning 24-25 mar, Hörsholm, Danmark.

---- (2005). "Studies of 12-Year-Olds' Outdoor Environment in Different Residential Areas." Revista psichologie aplicata 6(3-4): 52-61

---- (2007). Vägverksregionernas barnkonsekvensanalyser - en processutvärdering/ Swedish National Roads Administration's Child-impact Analyses - An Evalution Study. Stockholm Institute of Education.

Björklid, P. and Nordström, M. (2004-2007). Children's Outdoor Environment - A Reality with Different, Interpretations. An International Comparative Research Project. Funded by Formas.

Boverket, Movium (2015) Utemiljöer för barn och unga vägledning för planering, utformning och förvaltning av skol- och förskolegårdar

Bridgman, Rae. "Child-friendly cities: Canadian perspectives." Children Youth and Environments 14.2 (2004): 178-200.

Caldenby, Claes. (2008). What should be done? Architectural history and the architect's practice. KONST-

---- (2011) A history of Architecture Full of Good Examples. In (Anderson et al. undated) Children need space: The child's perspective – allowing children to participate in the urban planning process conference organized by Gothenburg City, Available at http://www.tryggaremanskligare.goteborg.se/pdf/engelska/children_need_space.pdf Accessed October 10, 2015.

Casey, T. (2007). Environments for outdoor play: A practical guide to making space for children. Sage Publications. Available at http://www.sagepub.com/upm-data/15553_CASEY_C01.PDF

Cele, Sofia. Communicating place: Methods for understanding children's experience of place. Diss. Stockholm, 2006.

Chawla, Louise, and UNESCO. Growing up in an urbanising world. London: Earthscan, 2002.

Colantonio, Andrea. "Social sustainability: a review and critique of traditional versus emerging themes and assessment methods." (2009): 865-885. In: Second International Conference on Whole Life Urban Sustainability and its Assessment (22 - 24 April, 2009: Loughborough, UK).

Conn, Steven. Americans Against the City. Oxford University Press, 2014.

Danks, Sharon Gamson. Asphalt to ecosystems: Design ideas for schoolyard transformation. New Village Press, 2010.

Dudek, Mark. Spaces for Young Children: A Practical Guide to Planning, Designing and Building the Perfect Space. Jessica Kingsley Publishers, 2012.

Freeman, Claire, and Paul J. Tranter. Children and their urban environment: changing worlds. Routledge, 2011.

Gehl. Jan. Cities for people. Island Press, Washington DC, 2010.

Hart, Roger. (1992). Children's Participation: from Tokenism to Citizenship. UNICEF. United Nations Children's Fund. Available at http://www.unicef-irc.org/publications/pdf/childrens_participation.pdf

Jacobs, Jane. The death and life of great American cities. Vintage, 1961.

Karlsdóttir, K. (2012). Children in their local everyday environment - Child-led expeditions in Hammarby Sjöstad.

Kristensson, Charlotte. Att tänka efter före: strategisk lokalplanering för gymnasieskolan. Stiftelsen för arkitekturforskning, 2007.

Larsson, Thomas. (2014). "It becomes important when it's for real!" Children's and young people's participation in community planning. Trafikverket. Available at http://www.trafikverket.se/contentassets/8e6b29095b-de488ca5ed960b380aab62/presentationsmaterial_it_becomes_important_-140226.pdf

Lennard, Henry L. & Lennard, Suzanne Crowhurst. The Forgotten Child. Cities for the Well-Being of Children. Carmel, CA. Gondolier Press, 2000.

Logie, Gordon. The Architect and Building News. 1954.06.10.

Louv, Richard. Last Child in the Woods: Saving Our Children from Nature-Deficit Disorder, Algonquin Books, 2008

Mårtensson, Fredrika. Hälsofrämjande äventyr med naturen som distraktion. Socialmedicinsk tidskrift. 3/2012. Available at http://www.socialmedicinsktidskrift.se/index.php/smt/article/view/919/728

---- (2011). "The Importance of the Playgrounds". A presentation in the urban planning process conference organized by Gothenburg City, Available at http://www.tryggaremanskligare.goteborg.se/pdf/engelska/children_need_space.pdf Accessed October 10, 2015.

Nilheim, Jens. Kan ni gå ut och leka? Barns utomhusmiljö i Stockholms nybyggda innerstad. 1999, Stockholm Royal Institute of Technology, KTH.

Nordström, Maria. (2001): "Children's needs – children's possibilities – children's perspectives" in Children, Identity, Architecture, European Forum for Architectural Policies, Expert Seminar in Stockholm 15–16 May 2001, Arkitekturmuseet, Stockholm

---- (2011): "The Good Example". A presentation in the urban planning process conference organized by Gothenburg City, Available at http://www.tryggaremanskligare.goteborg.se/pdf/engelska/children_need_space.pdf Accessed October 10, 2015.

NUTEK & Almega (2007), Effekter av avreglering och kunkurrensutsättning, med fokus på vård- och omsorgssektorn. R 2007:23

Rasmussen M, Due P (eds). Skolebørnsundersøgelsen 2010. Forskningsprogrammet for Børn og Unges Sund hed (FoBUS) Statens Institut for Folkesundhed, Syddansk Universitet, 2011. Available at http://www.hbsc.dk/downcount/HBSC-Rapport-2010.pdf. Downloaded October 10, 2015

Social Miljöanalys Utifrån Ett Barnperspektiv – Silverdal, White Arkitekter, 2013.

Stevenson, Anna, and Christchurch City Council. "What We Know About How Urban Design Affects Children and Young People." (2007).

Ståhle, Alexander and Staffan, Swartz. Friområdes-, sociotop- och barn- konsekvensanalys av Ursviks västra dela, Spacescape, 2014. Available at https://www.sundbyberg.se/download/18.54e99b02146e4c-c68147cf62/1404136962583/Friomrades-sociotop-och-barnkonsekvensanalys-av-Ursviks-vastra-de-lar-140424.pdf Accessed October 10, 2015

Suzanne de Laval, Skolans och förskolans utemiljöer: kunskap och inspiration till stöd vid planering av barns utemiljö. 2014

Szczepanski, Anders. (2014). Utomhusbaserat Lärande och Undervisning. An article in Skolans och förskolans Utemiljöer. Skolhusgruppen. Movium. Arkus. Available at https://www.liu.se/ikk/ncu/pres-hoger/1.577223/skolans-och-forskolans-utemiljoer.pdf

Ulrichof, Roger. 2015, Oxford City Council, http://www.oxford.gov.uk/PageRender/decP/HeritageHealthandSocialWellBeing.htm

UNICEF. (2012)."Children in an Urban World: the State of the World's Children 2012." New York, NY, United Nations Children's Fund.

UNICEF. (1989). "FACT SHEET: A summary of the rights under the Convention on the Rights of the Child". Available at http://www.unicef.org/crc/files/Rights_overview.pdf

Ward, Colin. The Child in the City. The Architectural Press Ltd., London, 1978.

Westford, Pia. (2010). "Neighborhood design and travel: A study of residential quality, child leisure activity and trips to school." A dissertation at Sweden Royal Institute of Technology.

Wilson, E. O. (1948). On Human Nature. Harvard University Press.

White, 2013. Förstudie Töjna-skolan: Analys, local behov och utgångspunkter.

Available at http://tojnaskolanprojekt.blogspot.com/2013/04/presentation-av-forstudien.html

图片说明

Bengt Oberger, P102上，下左

Claudio Bresciani, TT, P117下右

Henrik Brandt, P61第四排第二张

Jannie Månsson, P77中

Klas Fahlén, P69中

Martin Cederblad, P97下右

Pi Frisk, Stockholmdirekt, P34上右

Richard Törsleff, P118下

Tova Rudin, White Arkitekter AB, P117中右；下左

Architekturfuerkinder, P102下右

Dockteater Tittut, P113上

Färgfabriken, P103上右

Grontmij AB, P61第三排最右;P68下

Junibacken, P96上

Kulturhuset, P93中

Lekplatsbolaget AB, P61第三排第二张, P64,P65上右、下左

Lovely landskap AB, P72上右

Nivå Landskapsarkitektur AB, P49中;P63下右

Philips Ltd., P117上

Tham & Videgård Arkitekter, P40中

其他照片均由作者拍摄。摄影时取儿童视角高度（约95厘米）拍摄。

ARQ Research Foundations' purpose is to promote scientific research on architecture, urban planning, construction planning and design. It acts as a link between academic research and design practice and the development of new knowledge across the boundaries of disciplines. ARQ Research Foundations' task is to manage R & D programs, grant advice, assessment, implementation, deployment and economics for two foundations founded by White architects: The Foundation for Architecture Research (ISO 9001) and The Foundation for Research of Urban Planning, Construction Planning and Design (ARQ 14001). www.arqforsk.se

ARQ研究基金会旨在鼓励建筑、城市规划、建造规划和设计的科学研究。它是学术研究和设计实践之间的纽带, 也是综合学科跨界研究的新知识生产方式。该基金会主要工作包括管理研究与设计项目、授予研究基金、项目评估和执行与运营。基金会的资金来源于White建筑师事务所下的两个基金会: 建筑设计研究基金会(欧洲认证代码ISO 9001), 城市规划与建造设计研究基金会 (欧洲认证代码ISO 14001)。

官方网页:www.arqforsk.se

Arken Arkitekter AB was founded in 1981 by Architects and Engineers who previously formed the office of Ralph Erskine, Architect. The company works widely within the fields of architecture, urban design, landscape, and town planning, with projects in Sweden, Europe and Asia, including a number of prestigious projects.

Arken employs holistic approaches in its work as a necessity in dealing with sustainable planning. The company and its staff are dedicated to creating an attractive, inclusive urban fabric pattern of blocks, buildings, streets and gardens - enabling places that can be more easily influenced by the individual. Places and spaces are designed and built from the perspective of individuality and cultural identity, encouraging local businesses and the entrepreneurial spirit, and supporting safety, responsibility and comfort for all.

Arken建筑师事务所成立于1981年, 由原Ralph Erskine建筑事务所的建筑师和工程师成员组成。事务所致力于广泛领域的建筑设计、城市设计、景观设计和城市规划, 项目跨越瑞典、欧洲和亚洲, 其中包括如世界银行、地方市政府和私人开发商委任的高端项目。

Arken在应对永续设计时, 坚持以多元的全局方法论为必要设计手法。事务所与其成员旨在追求营造有吸引力的包容性城市机理与环境, 包括街区、建筑、街道和花园等, 强调环境与人的亲和力。事务所设计与建成的场所与空间, 通常有着鲜明的个性和文化身份认同感。通过形态的设计和处理, 去鼓励本地经济和创业精神, 为大众的安全、责任感和舒适度谋福利。

图书在版编目(CIP)数据

童之境：斯德哥尔摩体验/荆晶著. —上海：上海远东出版社，2016
ISBN 978 - 7 - 5476 - 1104 - 3

Ⅰ.①童… Ⅱ.①荆… Ⅲ.①幼儿园-建筑设计-经验-瑞典
Ⅳ.①TU244.1

中国版本图书馆 CIP 数据核字(2016)第 104710 号

童之境——斯德哥尔摩体验

荆　晶　著
责任编辑/贺　寅
装帧设计/熙元创享文化

出版：上海世纪出版股份有限公司远东出版社
地址：中国上海市钦州南路 81 号
邮编：200235
网址：www.ydbook.com
发行：新华书店　上海远东出版社
　　　上海世纪出版股份有限公司发行中心
印刷：北京华联印刷有限公司
装订：北京华联印刷有限公司

开本：787×1092　1/16　印张：10.5　插页：5　字数：250 千字
2016 年 8 月第 1 版　2016 年 8 月第 1 次印刷
印数：1—3000 册

ISBN 978 - 7 - 5476 - 1104 - 3/J・100
定价：78.00 元